U0241609

总体国家安全观普及丛书

GUOJIA SHENGTAI ANQUAN ZHISHI BAIWEN

# 国家生态安全知识

本书编写组

人民出版社

# 前　言

习近平总书记提出的总体国家安全观立意高远、思想深刻、内涵丰富，既见之于习近平总书记关于国家安全的一系列重要论述，也体现在党的十八大以来国家安全领域的具体实践。总体国家安全观所指的国家安全涉及领域十分宽广，集政治、国土、军事、经济等多个领域安全于一体，但又不限于此，会随着时代变化而不断发展，是一种名副其实的"大安全"。为推动学习贯彻总体国家安全观走深走实，引导广大公民增强国家安全意识，在第七个全民国家安全教育日到来之际，中央有关部门在组织编写《国家科技安全知识百问》《国家核安全知识百问》《国家生物安全知识百问》等首批重点领域国家安全普及读本基础上，又组织编写了文化安全、生态安全、金融安全等3个领域的国家安全普及读本。

重点领域国家安全普及读本参照《国家安全知识百问》样式，采取知识普及与重点讲解相结合的形式，内容准确权威、简明扼要、务实管用。读本始终聚焦总体国家安全观，准确把握党中央最新精神，全面反映国家安全形势新变化，紧贴重点领域国家安全工作实际，并兼顾实用性与可读性，配插了图片、图示和视频二维码，对于普及总体国家安全观教育和提高公民"大安全"意识，很有帮助。

总体国家安全观普及读本编委会

2022 年 2 月

# C 目 录
ONTENTS

---
**篇　一**
---

## ★　生态安全是国家安全的重要组成部分　★

1　什么是生态安全？维护国家生态安全与生态
　　文明建设是什么关系？　/ 003

2　为什么要维护生态安全？　/ 003

3　当前维护生态安全面临哪些挑战？　/ 004

4　为维护生态安全，我们做了哪些工作？　/ 005

5　我国在维护生态安全方面制定了哪些
　　法律制度？　/ 006

6　如何以标准化保障生态安全？　/ 007

7　什么是生态保护红线？　/ 008

8　我国自然保护地体系和生态保护红线之间
　　是什么关系？　/ 009

9　为什么要建设一支生态环境保护铁军？　/ 011

10　如何强化对维护生态安全的考核监督？　/ 012

---

## 篇 二

## ★ 深入打好污染防治攻坚战 ★

**11** 近年来，我国空气质量变化趋势如何？　/ 017

**12** 目前我国在哪些区域建立了大气污染
联防联控机制？　/ 019

**13** 气候变化、气象条件与大气污染
有什么关系？　/ 020

**14** 为什么要控制挥发性有机物（VOCs）的排放？
如何控制？　/ 022

**15** 饮用水水源保护面临哪些挑战？　/ 024

**16** 黑臭水体是如何产生的？我国城市黑臭水体
治理进展如何？　/ 025

**17** 为什么水生生物能够反映河湖生态环境状况？
河流中水生生物越多，就代表河湖生态
越好吗？　/ 027

**18** 近年来，我国土壤污染防治取得了哪些
进展和成效？　/ 027

**19** 企业如何有效降低土壤污染风险？　/ 029

# 目 录
CONTENTS

20 为什么要使用农药？农药使用不当对生态
环境有哪些影响？　/ 030

21 我国为什么禁止洋垃圾入境？　/ 031

22 什么是"无废城市"？我国为什么开展
"无废城市"建设？　/ 032

23 环境噪声对人体健康有怎样的危害？　/ 033

24 过度光照有什么危害？　/ 034

25 重金属污染有什么危害？我国在重金属污染
防治方面开展了哪些工作？　/ 035

26 海洋污染的主要来源有哪些？怎样防治
海洋污染？　/ 037

27 为什么要加强海湾生态环境综合治理？　/ 040

28 海洋环境中的溢油来源主要有哪些？
如何判定溢油污染来源？　/ 040

29 海洋发生溢油后主要带来哪些危害？　/ 041

30 什么是突发环境事件？　/ 042

31 公众如何参与突发环境事件应急处置？　/ 044

32 污染环境构成犯罪的将会受到什么惩罚？　/ 045

**33** 发现污染环境违法犯罪行为应当如何做？ / 047

---

## 篇 三

### ★ 提升自然生态系统质量和稳定性 ★

**34** 近年来，我国国土绿化取得了哪些成绩？ / 051

**35** 我国将如何科学推进国土绿化？ / 052

**36** 进行林地用途管制有哪些具体措施？ / 054

**37** 我国为什么要执行年森林采伐限额制度？ / 055

**38** 草原有哪些功能？ / 057

**39** 我国草原生态系统面临哪些威胁？ / 058

**40** 草原有害生物包括哪些种类？ / 059

**41** 我国近岸典型海洋生态系统有哪些？
分布状况如何？ / 061

**42** 通过海岸带生态保护修复提升海洋灾害
防御能力的措施有哪些？ / 063

**43** 哪些海洋生物易受气候变化威胁？ / 064

**44** 如何保护无居民海岛？ / 066

45 如何管控新增围填海行为？ / 067

46 为什么要保护红树林？ / 069

47 地下水超采有哪些危害？ / 071

48 我国地下水保护与管理取得哪些成效？ / 072

49 什么是湿地？湿地的主要生态功能是什么？ / 073

50 为什么要保护冰冻圈？冰冻圈退化会引起什么
    生态风险？ / 076

51 我国的主要沙漠和沙地有哪些？ / 078

52 荒漠生态系统有哪些功能？ / 079

53 什么是水土流失和水土保持？ / 080

54 水土流失有哪些危害？ / 080

55 非法采矿构成犯罪将受到怎样的惩处？ / 081

56 什么是生物多样性？在生物多样性保护方面
    我国开展了哪些工作？ / 083

57 如何保护海洋生物多样性？ / 085

58 我国法律是如何规范野生动物放生行为的？ / 087

59 哪些行为会构成非法捕捞水产品犯罪？ / 087

60 为什么要开展长江"十年禁渔"？ / 088

61 开展"长江禁捕 打非断链"专项行动对
经营者提出了哪些具体要求? / 089

62 为违法出售、购买、利用野生动物及其
制品或者禁止使用的猎捕工具提供交易
服务的,要承担什么法律责任? / 092

63 我国刑法规定的"珍贵、濒危野生动物"
包括哪些? / 093

64 非法携带、寄递国家禁止进境的动植物及其
产品对国家生态安全有什么危害? / 095

65 外来入侵物种会对生态安全造成什么影响? / 097

66 哪些行为属于破坏森林草原和野生动植物
资源犯罪? / 101

67 什么是中国的国家公园?目前我国设立了哪些
国家公园? / 102

68 国家公园内的自然资源资产如何实现
统一管理? / 103

69 自然灾害对生态环境有什么影响? / 104

70 全国防灾减灾日是哪天?为什么设立全国
防灾减灾日?防灾减灾日期间通常有
哪些活动? / 105

71 森林草原火灾的危害有哪些? 森林草原火灾
    有几个等级? / 107

72 森林草原中的可燃物主要有哪些? / 110

73 哪些行为会引发森林火灾? 公众该如何预防
    森林火灾? / 110

74 气候变化对生态安全造成了哪些影响? / 111

75 什么是生态气象风险? 为什么要科学评估
    生态气象风险? / 112

76 什么是植被分布气候适宜性? / 113

77 公众可以获得哪些生态和环境气象服务
    产品? / 114

篇 四

★ 持续推动绿色低碳发展 ★

78 什么是碳达峰碳中和? / 119

79 我国碳达峰碳中和目标是什么? / 119

80 什么是碳汇? 我国将如何推进提升生态系统
    碳汇工作? / 120

**81** 什么是碳捕集、利用与封存？ / 121

**82** 能源绿色发展与碳达峰碳中和有什么关系？ / 122

**83** 我国能源绿色发展状况如何？ / 123

**84** 什么是非化石能源和可再生能源？ / 125

**85** 什么是煤炭清洁利用？ / 126

**86** 强制性能耗限额标准包括哪些方面？ / 127

**87** 如何发挥计量对生态安全的支撑保障作用？ / 127

**88** 推动城乡建设绿色发展对实现碳达峰
碳中和目标有什么作用？ / 128

**89** 我国促进资源、能源节约利用方面的
税收政策有哪些？ / 129

**90** 什么是碳市场？我国碳市场建设状况如何？ / 131

**91** 我国温室气体清单中土地利用、土地利用
变化及林业（LULUCF）碳汇量是多少？ / 132

**92** 畜禽粪污如何实现资源化利用？ / 133

**93** 我国节水国家标准现状如何？ / 134

**94** 如何践行绿色低碳生活方式，助力实现
碳达峰碳中和目标？ / 135

# 目录
CONTENTS

## 篇 五

### ★ 积极推动全球生态文明建设 ★

**95** 我国参加了哪些生态环境领域国际
公约或协议？ / 141

**96** 什么是"海洋十年"？ / 143

**97** 我国在湿地履约方面开展了哪些工作？ / 144

**98** 国家管辖范围以外区域海洋生物多样性养护和
可持续利用国际谈判的现状如何？ / 145

**99** 建设绿色丝绸之路对共建"一带一路"有哪些
作用？ / 146

**100** "一带一路"绿色发展国际联盟在推进绿色
丝绸之路建设中发挥了哪些作用？ / 147

**101** 我国在应对气候变化方面的立场和主张
是什么？ / 149

**102** 我国在全球气候治理方面采取了哪些行动？ / 150

**103** 我国在推动实现可持续发展方面采取了
哪些行动？ / 151

104 我国在推动全球生物多样性治理方面采取了
哪些举措？ / 153

105 中欧在环境与气候领域开展了哪些合作？ / 154

106 我国履行《蒙特利尔议定书》对全球生态
环境保护的贡献有哪些？ / 155

107 我国履行《联合国防治荒漠化公约》取得哪些
成效？ / 156

108 我国参与淘汰、削减持久性有机污染物全球
行动的意义是什么？ / 157


视频索引 / 158

后 记 / 161

篇一

生态安全是国家安全的重要组成部分

## 什么是生态安全？维护国家生态安全与生态文明建设是什么关系？

　　国家生态安全内涵是指一国具有较为稳定的、完整的、不受或少受威胁的、能够支撑国家生存发展的生态系统；外延是指维护这一系统的能力，以及应对周边区域性和全球性生态问题的能力。

　　维护生态安全与加强生态文明建设是一脉相承的。维护生态安全是加强生态文明建设的应有之义，是生态文明建设必须达到的基本目标，是我们必须守住的基本底线，是践行创新、协调、绿色、开放、共享的新发展理念的必然要求。

## 为什么要维护生态安全？

　　习近平总书记指出："生态兴则文明兴、生态衰则文明衰。"纵观世界发展史，保护生态环境就是保护生产力，改善生态环境就是发展生产力。生态安全是国家安全的重要组成部分，是人类生存发展的基本条件，生态问题不仅关系到人民群众的日常生活和身体健康，更直接关系到国家经济发展和长治久安，事关国家兴衰和民族存亡。

**❯ 重要论述**   生态安全的重要性

    2018年5月18日，习近平总书记在全国生态环境保护大会上的讲话中指出：生态环境安全是国家安全的重要组成部分，是经济社会持续健康发展的重要保障。"图之于未萌，虑之于未有。"要始终保持高度警觉，防止各类生态环境风险积聚扩散，做好应对任何形式生态环境风险挑战的准备。

## 3 当前维护生态安全面临哪些挑战？

    传统产业所占比重较高，战略性新兴产业、高技术产业尚未成为经济增长的主导力量，能源结构没有得到根本性改变，重点区域、重点行业污染问题没有得到根本解决，实现碳达峰碳中和任务艰巨，资源环境对发展的压力越来越大。森林、草原、荒漠、河湖、湿地和生物多样性受到的胁迫依然严重，生态环境领域违法犯罪形势依然严峻复杂，维护国家生态安全的压力仍然很大。

## 4 为维护生态安全，我们做了哪些工作?

在以习近平同志为核心的党中央坚强领导下，各地区、各部门认真学习贯彻习近平生态文明思想和总体国家安全观，统筹疫情防控和经济社会发展，持续推进生态文明建设，不断完善维护国家生态安全体制机制，坚持不懈推动绿色低碳发展，深入打好污染防治攻坚战，不断提升生态系统质量和稳定性，提高生态环境领域国家治理体系和治理能力现代化水平，有

浙江安吉余村：绿水青山变成金山银山（新华社记者 徐昱／摄）

效促进了我国生态安全保障能力明显提升。

 **我国在维护生态安全方面制定了哪些法律制度？**

经过长期发展，我国维护生态安全的法律制度日益完善，目前主要有以下三类：一是聚焦自然资源保护利用，以种类区分的自然资源单行法律。主要包括

《中华人民共和国土地管理法》《中华人民共和国海域使用管理法》《中华人民共和国水法》《中华人民共和国森林法》《中华人民共和国渔业法》等。二是聚焦生态环境保护治理，在环境管控方面的法律。主要包括《中华人民共和国环境保护法》《中华人民共和国环境影响评价法》《中华人民共和国海洋环境保护法》《中华人民共和国生物安全法》等。三是聚焦绿色发展、重要区域等，各有侧重的生态文明建设相关法律。主要包括《中华人民共和国水土保持法》《中华人民共和国防沙治沙法》《中华人民共和国长江保护法》等。

## 6　如何以标准化保障生态安全？

着力加强生态环境保护标准化顶层设计，逐步构建涵盖生态环境质量、污染防治、生态系统、生态经济等方面的标准体系。一是不断完善生态环境质量和生态环境风险管控标准，健全污染物排放、监管及防治标准，筑牢污染排放控制底线。二是制定山水林田湖草沙多生态系统质量与经营利用标准，加快研究制定水土流失综合防治、生态保护修复、生态系统服务与评价、生态承载力评估、生态资源评价与监测、生物多样性保护等标准，增加优质生态产品供给。三是完善生态效益评估与生态产品价值实现等标准，支持生态经济发展。

## 7 什么是生态保护红线？

生态保护红线是指在生态空间范围内具有特殊重要生态功能、必须强制性严格保护的区域，包括陆域生态保护红线和海洋生态保护红线。各省（区、市）人民政府在资源环境承载能力和国土空间开发适宜性评价的基础上，将具有重要水源涵养、生物多样性维护、水土保持、防风固沙、海岸防护等生态功能的极重要区域，水土流失、沙漠化、石漠化、海岸侵蚀等生态极脆弱区域，其他经评估目前虽然不能确定但具有潜在重要生态价值的区域，以及各类自然保护地划入生态保护红线，报国务院批准后发布实施。生态保护红线内，自然保护地核心保护区原则上禁止人为活动，其他区域严格禁止开发性、生产性建设活动，在符合法律法规前提下，除国家重大项目外，仅允许对生态功能不造成破坏的有限人为活动。

 ## 我国自然保护地体系和生态保护红线之间是什么关系?

2019 年 11 月，中共中央办公厅、国务院办公厅印发《关于在国土空间规划中统筹划定落实三条控制线的指导意见》，对统筹划定生态保护红线、永久基本农田、城镇开发边界提出要"科学划定落实三条控制线，做到不交叉不重叠不冲突"，并且明确了自然保护地和生态保护红线之间的关系，即"对自然保护

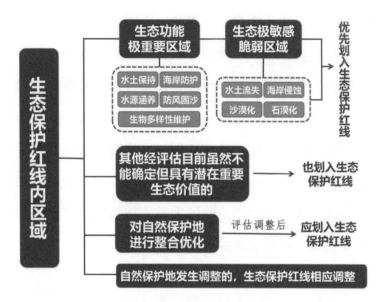

我国生态保护红线的划定

贵州荔波县樟江自然保护区（卢文／摄）

地进行调整优化，评估调整后的自然保护地应划入生态保护红线；自然保护地发生调整的，生态保护红线相应调整"。

 **为什么要建设一支生态环境保护铁军?**

党中央、国务院《关于全面加强生态环境保护坚决打好污染防治攻坚战的意见》提出，建设规范化、标准化、专业化的生态环境保护人才队伍，打造政治强、本领高、作风硬、敢担当，特别能吃苦、特别能战斗、特别能奉献的生态环境保护铁军。打好污染防治攻坚战、加强生态环境保护，必须确保生态环境保护人才队伍的履职能力同生态环境保护任务相匹配。生态环境保护人才队伍，包括从事生态环境保护工作的党政管理人才、综合执法队伍和专业技术人才，在选优配强各级生态环保职能部门领导班子的同时，推进综合执法队伍特别是基层队伍能力建设，加强前沿一线和基层边远地区生态环境保护人才队伍配备，协同打好污染防治攻坚战和生态文明建设持久战。

## 10 如何强化对维护生态安全的考核监督？

维护生态安全，关键在于地方各级党委政府和领导干部树立正确政绩观，坚决扛起生态文明建设和生态环境保护的政治责任。国家严格落实领导干部生态文明建设责任制，实行党政同责、一岗双责。改变过去"以国内生产总值增长率论英雄"的考核方式，把资源消耗、环境损害、生态效益等体现生态文明建设状况的指标纳入领导干部政绩考核体系，突出对打好污染防治攻坚战的考核，开展领导干部自然资源资产离任审计，促进发展理念和发展方式转变，推动绿色发展。考核结果作为领导班子和领导干部综合考核评价、奖惩任免的重要依据，对严重损害生态环境的行为实施责任追究。

中组部印发《关于改进推动高质量发展的
政绩考核的通知》

**〉延伸阅读** 对严重损害生态环境的行为实施
责任追究

　　建设生态文明是关系中华民族永续发展的根本大
计，功在当代、利在千秋，关系人民福祉，关乎民族
未来。对不顾生态环境盲目决策，造成生态环境质量
恶化、生态严重破坏的，责任人不论是否已调离、提
拔或者退休，都必须依纪依法严格问责、终身追责。
追责形式包括停职检查、调整职务、责令辞职、免
职、降职等组织处理，以及党纪政务处分。对该问责
而不问责的，追究相关人员责任。对生态环境违法犯
罪行为，依法严惩。

中共中央办公厅、国务院办公厅印发《党政
领导干部生态环境损害责任追究办法（试行）》

# 篇二

# 深入打好污染防治攻坚战

**近年来，我国空气质量变化趋势如何？**

"十三五"期间，我国环境空气质量显著改善，空气质量达标城市数从 73 个（占比 21.6%）增加至 202 个，增加 129 个，占比达到 59.9%。2020 年，337 个地级及以上城市 PM2.5 平均浓度为 33 微克／立方米，比 2015 年下降 28.3%；优良天数比率为 87.0%，比 2015 年提高 5.8 个百分点；重污染天数比率为 1.2%，比 2015 年下降 1.6 个百分点。相比 2015 年，重点区域京津冀及周边地区、长三角地区和汾渭平原 PM2.5 平均浓度分别下降 36.2%、31.4% 和 14.3%，重污染天数比率分别下降 6.4、1.4 和 1.6 个百分点。

中共中央、国务院关于深入打好污染防治攻坚战的意见

## 重要论述　深入打好污染防治攻坚战

2021年4月30日，习近平总书记在中共中央政治局第二十九次集体学习时的讲话中指出：要深入打好污染防治攻坚战，集中攻克老百姓身边的突出生态环境问题，让老百姓实实在在感受到生态环境质量改善。要坚持精准治污、科学治污、依法治污，保持力度、延伸深度、拓宽广度，持续打好蓝天、碧水、净土保卫战。要强化多污染物协同控制和区域协同治理，加强细颗粒物和臭氧协同控制，基本消除重污染天气。要统筹水资源、水环境、水生态治理，有效保护居民饮用水安全，坚决治理城市黑臭水体。要推进土壤污染防治，有效管控农用地和建设用地土壤污染风险。要实施垃圾分类和减量化、资源化，重视新污染物治理。要推动污染治理向乡镇、农村延伸，强化农业面源污染治理，明显改善农村人居环境。

**❯ 延伸阅读**　重污染天气应对——"绩效分级、差异化管控"措施

按照大气污染防治法要求，在地方政府启动重污染天气预警时，涉气重点行业应按照应急预案开展应急减排。为保护人民群众身体健康，有效应对重污染天气，实现精准治污、科学治污、依法治污，2019 年生态环境部首次出台"绩效分级、差异化管控"政策，对 15 个行业开展绩效分级，2020 年扩展到 39 个行业。环保治理水平高的企业可不采取或少采取应急减排措施，水平低的企业则须加大应急减排力度。通过差异化管控促进行业转型升级，助推高质量发展。

## 12 目前我国在哪些区域建立了大气污染联防联控机制？

在国家层面，目前京津冀及周边地区、长三角地区、汾渭平原已建立大气污染联防联控机制，统筹推

进区域内大气污染防治工作。"十四五"期间，国家
还将加强对成渝地区、东北地区、天山北坡城市群
等区域大气污染联防联控工作的指导。同时，各省
（区、市）政府可根据需求加强行政区域内城市间大
气污染联防联控；鼓励交界地区相关市县积极开展
联防联控。

# 13 气候变化、气象条件与大气污染有什么关系？

　　污染排放和不利气象条件是影响大气污染物浓度
的两大重要因素。在污染排放量基本保持稳定的情况
下，区域性重污染天气形成与变化主要受气象条件影
响。首先，气候特点和地形条件决定了我国同欧美等
国相比大气污染防治难度更大。受青藏高原地形影
响，冬季我国东部地区呈显著下沉气流，大气层结变
得更加稳定，降水量少，不利于污染物扩散和湿清
除。其次，全球气候变暖导致东亚冬季风总体呈年代

际减弱趋势，我国地面平均风速减小，小风日数和静风日数增加，更有利于污染物累积。最后，不利气象条件是 PM2.5 污染天气出现的必要外部条件，静稳高湿的气象条件会导致污染物在近地层堆积和二次转化，形成重污染天气；PM2.5 不断累积也会加重不利气象条件，形成两者间显著的"双向反馈"效应，进一步导致 PM2.5 爆发性增长。

气象条件对大气污染的影响

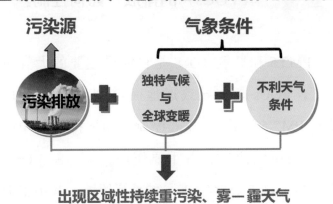

区域性重污染天气的形成机制

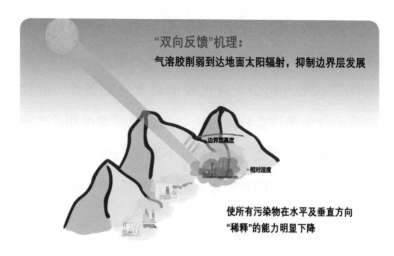

"双向反馈"机理：

气溶胶削弱到达地面太阳辐射，抑制边界层发展

边界层高度

+相对湿度

使所有污染物在水平及垂直方向
"稀释"的能力明显下降

PM2.5 与气象条件间的"双向反馈"效应

# 14 为什么要控制挥发性有机物 （VOCs）的排放？如何控制？

PM2.5 和臭氧（$O_3$）是目前最主要的大气污染因子，VOCs 既会导致近地面 $O_3$ 浓度增高，也会导致 PM2.5 浓度上升，控制 VOCs 排放对 PM2.5 和 $O_3$ 的协同治理有着重要作用。人为源 VOCs 排放主要来自工业、生活、交通等领域，其中工业源 VOCs 排放量较大，主要涉及石化、化工、工业涂装、包装印刷等行业，排放的 VOCs 物质活性强、污染物生成潜势较大。

要控制工业源 VOCs 的排放，一是从源头控制 VOCs 的产生，使用低 VOCs 含量的原辅材料；二是减少生产过程中 VOCs 的泄漏，对无组织废气进行收集；三是在末端加大对 VOCs 的治理，采取适宜高效的治理措施。

## 〉相关知识　新污染物对生态环境的危害

现阶段国际关注的新污染物主要包括持久性有机污染物、环境内分泌干扰物、抗生素等。新污染物多具有生物毒性、环境持久性、生物累积性等特征，在环境中即使浓度较低，也可能产生显著的环境与健康风险，其危害具有隐蔽性。有毒有害化学物质的生产和使用是新污染物的主要来源。我国是化学品生产和使用大国，新污染物种类繁多，环境与健康风险隐患大。加强新污染物治理，是深入打好污染防治攻坚战的重要举措。

# *15* 饮用水水源保护面临哪些挑战？

　　"十三五"期间，水源地保护攻坚战取得积极进展，全国地级及以上城市集中式饮用水源地水质优良比例 96.2%，2804 个县级及以上水源地 10363 个环境问题完成清理整治，有力提升了 7.7 亿居民饮水安全保障水平。在水源地总体安全得到保障的同时，依然面临一些风险和挑战：一是受人为污染、环境本底等因素影响，部分水源地水质不能稳定达标，新污染物对人体健康的风险不容忽视，治理管控亟待加强。二是城乡之间、地区之间水源保护工作推进不平衡，水源地规范化建设水平参差不齐。三是部分地区高环境风险企业与饮用水源犬牙交错，应急、备用水源建设滞后，对居民饮水安全构成威胁。

# 16 黑臭水体是如何产生的？我国城市黑臭水体治理进展如何？

城市河道黑臭的主要原因是过量纳污使水体供氧和耗氧失衡，在水体缺氧乃至厌氧条件下，污染物转化并产生氨氮、硫化氢、挥发性有机酸等恶臭物质，以及铁硫化物、锰硫化物等黑色物质，从而导致水体黑臭。城市河道黑臭的污染源主要包括生活污水、有机工业废水、畜禽养殖场粪便污水等。

消除城市河道黑臭、改善城市水环境质量，对保障人体健康、改善城市人居环境、促进社会经济可持续发展具有重要意义。近年来，各地通过控源截污、内源治理、生态修复、活水保质等措施，积极推进城市黑臭水体治理，形成了一批河畅水清、岸绿景美的休闲滨水景观。截至 2020 年底，全国地级及以上城市 2914 个黑臭水体消除比例达到 98.2%，人民群众获得感、幸福感、安全感明显增强。

治理后的老工业城市湖南株洲实现环境蝶变（新华社记者 蔡潇潇／摄）

### 〉延伸阅读 加强工业废水排放管控

　　工业废水成分复杂，有的含有毒有害水污染物，直接排放将影响公众健康和水生态环境。为防范工业废水排放的环境风险，国家针对不同行业规定了严格的水污染物排放管控要求，通过加强监督管理和严格执法，督促排污单位按规定建设污水处理设施、收集工业废水并处理达标后排放，同时要求排污单位按规定公开水污染物排放信息，鼓励和支持公众举报违法排污行为，形成全社会共同推进环境治理的良好格局。

**为什么水生生物能够反映河湖生态环境状况？河流中水生生物越多，就代表河湖生态越好吗？**

水生生物多样性状况可反映河湖生态环境状况。河湖本地（土著）水生生物多样性越丰富，河湖生态系统的稳定性就越强，抵抗外界干扰和环境变化的能力就越强。

水生生物越多并不一定代表河湖生态越好。当存在外来物种入侵时，短期内河湖中生物数量虽有所增加，但入侵物种会抢夺本地物种栖息地、竞争食物或直接捕食本地物种，长期来看对水生态系统存在负面影响。

**近年来，我国土壤污染防治取得了哪些进展和成效？**

"十三五"以来，各地区各部门深入贯彻习近平生态文明思想，扎实推进净土保卫工作，重点构建以土壤污染防治法为核心的法规标准体系，完成全国土壤污染状况详查，划定耕地土壤环境质量类别，实施分类管理，建立建设用地土壤污染风险管控和修复名录，严格用地准入管理，大力整治耕地周边涉镉等重金属污染源。顺利完成《土壤污染防治行动计划》确定的受污染耕地和污染地块安全利用率"双90%"目标任务，初步遏制土壤污染加重趋势，基本管控土壤污染风险，促进我国土壤环境质量总体保持稳定。

> **❯ 延伸阅读** 建设用地土壤污染风险的管控

管控建设用地土壤污染风险，主要有两类措施：一是采取有针对性的修复技术，清除土壤中污染物或降低污染物毒性。二是采取隔离等切断暴露途径的措施，类似于医院放射科室采用铅板隔离辐射，有的阻隔工程可以与建设工程（如地面水泥硬化）相结合。

# *19* 企业如何有效降低土壤污染风险?

一是强化土壤污染预防,采取有效措施,防止有毒有害物质渗漏、流失、扬散。如对污水、原料输送等管道及相关设施采用架空方式设计和建设,对单层储罐加装阴极保护系统,双层储罐配置泄漏检测装置,对原料或固体废物存储、堆放等区域采取防渗防泄漏措施等。二是依法开展土壤污染隐患排查和监测,及时发现已存在的土壤污染或潜在的土壤污染隐患,及早采取措施防控,防止污染扩散和加重,避免增加后续治理成本。三是注重设施设备拆除的污染防治,防止因不当操作造成遗留物料泄漏等导致土壤污染。

## 为什么要使用农药？农药使用不当对生态环境有哪些影响？

农药是有效防控农作物、林木、草原病虫害，以及卫生害虫和外来入侵有害生物的主要手段之一，对保障国家粮食安全和重要农产品有效供给、促进农民增收和生态环境安全具有重要作用。

农药须经过生态环境、膳食等安全风险评估，并获得登记许可后方可使用。农药不科学、不合理使用，会对生态环境造成不良影响，如可能导致一些有益生物减少，影响生物多样性；有的农药不易降解，长期大量使用，可能在环境中累积，对土壤、水体等造成一定程度的污染。因此，我们要全面认识农药的利与弊，积极推进绿色防控、专业化防治和科学安全用药，趋利避害，尽可能降低农药对生态环境带来的不良影响。

# 我国为什么禁止洋垃圾入境?

洋垃圾指来自境外的固体废物,具有固有的污染属性。其中即使可用作原料的部分,常常也会夹带医疗废物、危险废物等有毒有害物质,以及生物活体、病毒、细菌等有害生物。同时,加工利用过程污染问题突出,严重污染环境,对我国生态环境安全和人民群众健康构成威胁。维护国家生态安全,必须顺应人

坚决将"洋垃圾"挡在国门之外

民群众对良好生态环境的新要求和新期待，改变以牺牲生态环境和民众健康为代价换取微薄经济利益的发展模式。

环保科普系列动画片之洋垃圾

# 22 什么是"无废城市"？我国为什么开展"无废城市"建设？

当前，我国"大量消耗、大量消费、大量废弃"的粗放型资源利用模式尚未根本扭转，导致固体废物产生量大、利用不充分、环境风险较高。"无废城市"是以新发展理念为引领，通过推动形成绿色发展方式和生活方式，持续推进固体废物源头减量和资源化利用，最大限度减少填埋量，将固体废物环境影响降至最低的城市发展模式。开展"无废城市"建设，对于系统解决城市固体废物管理问题、助力减污降碳协同增效、推动高质量发展、创造高品质生活具有重要意义。

**重庆：共建无废城市　共享美好生活**

共建无废城市

 环境噪声对人体健康有怎样的危害？

噪声是一种干扰，长期处于噪声环境会造成失眠、疲劳无力、记忆力衰退，甚至产生神经衰弱症候群，严重危害人体健康，影响正常生活和工作。研究发现，40—50dB 的较轻噪声便会影响人的睡眠，40dB 的突发噪声能使 10%的人惊醒，而当突发噪声达 60dB 时，70%的人会被惊醒；在平均 70dB 的噪声环境中长期生活的人，心肌梗死发病率会增加 30%左右；如果噪声超过 85dB，则可能损伤听力；长期在 90dB 以上的噪声中工作的人，耳聋的发病率明显增加。女性受噪声的干扰，还会出现性机能紊乱、月经失调、流产率增加等情况。

## 过度光照有什么危害？

光污染是人类过度使用照明系统而产生的问题，许多人知道光污染会对天文观测、人体健康、交通安全等产生影响，其实严重的光污染也会危害生态安全。过度光照会使动物昼夜不分、生活规律紊乱，夜行动物活动及交配时间变短，影响夜行昆虫授粉及夜间繁殖，鸟类会因此迷失方向影响迁徙和回巢，昆虫和鸟类也会被强光周围的高温烧死。光污染还会破坏植物体内的生物钟节律，导致其茎或叶变色，甚至枯死；影响植物花芽的休眠、生长和授粉。随着人类生活范围越来越广，过度光照会使生物多样性受到更为严重的影响。并且，过度照明将造成大量的能源浪费。

## **重金属污染有什么危害？我国在重金属污染防治方面开展了哪些工作？**

重金属具有较强的迁移、富集、潜伏性和生物毒性，并可不断累积，威胁生态环境安全和人体健康。

我国高度重视重金属污染防治，2009年以来先后发布《关于加强重金属污染防治工作的指导意见》，编制实施《重金属污染综合防治"十二五"规划》《土壤污染防治行动计划》，大力实施重金属污染综合治理，严厉打击涉重金属非法排污企业，突发性重金属污染事件高发态势基本得到遏制，重金属污染物排放量得到严格控制，我国重金属污染防治工作取得积极成效。

**重金属污染：环境治理突出问题**

查封电镀黑作坊超标排放重金属污水的设备

# 26 海洋污染的主要来源有哪些？
## 怎样防治海洋污染？

　　海洋污染来自陆源和海上两个部分。其中，陆源污染是海洋污染的主要来源，主要通过入海河流和入海排污口等进入海洋；海上污染主要来自港口航运、海洋工程等活动。

　　海洋污染防治是一项系统工程，必须坚持陆海统筹、河海兼治，强化陆海污染协同治理，突出污染减排和生态扩容并重。主要措施包括：一是精准实施陆海污染源头治理和联防联控；二是统筹推进河口海湾、滨海湿地等典型海洋生态系统的保护和修复；三是着力提升海洋环境风险防范和应急监管能力。

就"打好污染防治攻坚战"答记者问

> **相关知识** 海洋垃圾

　　海洋垃圾约 80% 来源于陆地，包括河流输送、滨海旅游等；约 20% 来源于海上活动，如航运、休闲旅游、渔业捕捞等。海洋垃圾对海洋环境、生物及人类自身带来严重危害，包括：可导致海洋生物误食或被缠绕而死亡，形成微塑料被误食或附着有毒微生物等对海洋生态系统和人类健康造成潜在风险；在一定程度上导致渔业资源锐减，使得海洋渔业捕捞成本剧增、收益急降；对海洋和海岸带景观造成严重的视觉污染，大幅降低滨海旅游价值，对滨海旅游业发展造成不利影响；可能导致船舶因海洋垃圾缠绕螺旋桨而损害船身和机器，进而影响海上交通，威胁航行安全。全球海洋垃圾污染规模剧增，国际社会每年花费数十亿美元加以治理。

> **相关知识** 海洋微塑料

　　海洋微塑料是指海洋环境中粒径小于 5 毫米的塑料颗粒。海洋微塑料分为原生微塑料和次生微塑料，原生微塑料是塑料制造过程中泄漏的原料，以及日用化学品中添加的塑料微珠等；次生微塑料是塑料垃圾进入海洋环境后，在紫外线、波浪、风力等作用下，逐步老化破碎分解形成的塑料颗粒。海洋生物在摄食过程中容易误食微塑料，对其生长、发育和繁殖造成影响，并可通过食物链传递，以及海洋微塑料进入海盐中被人类摄食等，对海洋生态系统和人类健康构成潜在的威胁。

> **延伸阅读**　**渤海地区入海排污口排查整治专项行动**

2019 年以来，环渤海地区率先启动入海排污口排查整治专项行动。通过专项实施，共排查出渤海入海排污口 18886 个，基本实现了"有口皆查、应查尽查"。通过落实"查、测、溯、治"四步走的排查整治模式，压实了地方政府主体责任，摸清了入海排污口底数，掌握了排污源头，为进一步有效管控陆源污染物排海，改善渤海生态环境质量奠定了基础。

为什么要加强海湾生态环境综合
治理？

　　海湾作为近岸海域最具代表性的地理单元，是经
济发展的高地、生态保护的重地、亲海戏水的胜地。
据统计，我国具有标准名称的海湾 1467 个，其中面
积大于 10 平方公里的海湾约 150 个。当前我国海湾
生态环境问题突出、治理难度大，是严重污染海域集
中分布区，大部分重要海湾生态系统处于亚健康或不
健康状态。抓住了海湾就抓住了海洋生态环境保护治
理的突破口和"牛鼻子"。

 海洋环境中的溢油来源主要有
哪些？如何判定溢油污染来源？

　　海洋环境中的溢油来源主要有海洋石油勘探开发
溢油、船舶事故溢油以及陆源油污入海等，还有沉

船、自然污染以及近岸生产装置污染等因素。

　　不同条件或环境下产出的油品具有明显不同的特征，油品的组成特征和化学特征如同人类的指纹一样具有唯一性，人们把它称为"油指纹"。通过对溢油和溢油源油品的"油指纹"进行比对鉴定，可判定溢油污染来源。

 **海洋发生溢油后主要带来哪些危害？**

　　海洋发生溢油后，可能带来三个方面的危害：一是人身健康危害。石油中含有苯及其衍生物，可以影响人体血液，长期暴露在含该物质的环境中，会造成较高的癌症发病率。二是安全危害。由于石油具有易燃易爆危险性，溢出后对个人安全和公共安全都会产生威胁。在油溢出的初始阶段，或轻质原油及轻质炼制品的厚油区均可能存在易燃气体，这些气体遇到明火就会燃烧而导致火灾。三是海洋生态环境危害。

溢油可能导致生物窒息，溢油中的有毒物质会进入海洋生物的食物链，对海洋生态系统造成不利影响。

 **什么是突发环境事件？**

突发环境事件是指污染物排放或自然灾害、安全生产事故等因素，导致污染物或放射性物质等有毒有害物质进入大气、水体、土壤等环境介质，突然造成或可能造成环境质量下降，危及公众身体健康和财产安全；或造成生态环境破坏，产生重大社会影响，需要采取紧急措施予以应对的事件。主要包括大气污染、水体污染、土壤污染等突发性环境污染事件和辐射污染事件等。

突发环境事件应急处置

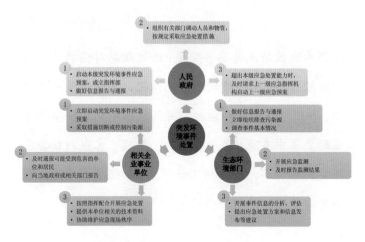

突发环境事件应急处置示意图

### 延伸阅读 突发环境事件的应对

　　突发环境事件应对工作坚持"统一领导、分级负责，属地为主、协调联动，快速反应、科学处置，资源共享、保障有力"的原则。突发环境事件发生后，地方人民政府和有关部门应立即按照职责分工和相关预案开展应急处置。根据工作需要采取以下措施：确定污染物种类和污染范围，切断和控制污染源，并处置污染物；及时疏散转移受威胁人员和可能受影响地区居民并妥善安置；迅速组织对伤病员进行诊断治疗；根据污染物和当地情况，加强环境应急监测；加强市场监管和调控，并防范因突发环境事件造成的集体中毒等；主动、及时、准确、客观向社会发布突发环境事件和应对工作信息；加强受影响地区社会治安管理，维护社会稳定。

# 31 公众如何参与突发环境事件应急处置？

公众可通过以下四种方式参与突发环境事件应急处置：一是发现突发环境事件隐患或苗头性线索时，立即向政府或有关部门报告。二是服从政府统一指挥安排，做好自救和互救，做好自身防护或及时疏散转移，协助维护社会秩序，协助落实政府采取的环境应急处置措施。个人财产被征用时做好配合，志愿提供物资、资金、技术支持和捐赠，有特定专长的人员提供服务。三是不信谣不传谣，不捏造、夸大、恶意传播未经核实或非正规渠道发布的突发环境事件信息。四是监督政府有关部门突发环境事件应急处置履职情况，推动政府环境应急管理能力提升。

 **污染环境构成犯罪的将会受到什么惩罚？**

根据我国刑法规定，违反国家规定，排放、倾倒或者处置有放射性的废物、含传染病病原体的废物、有毒物质或者其他有害物质，严重污染环境的，处三年以下有期徒刑或者拘役，并处或者单处罚金；情节严重的，处三年以上七年以下有期徒刑，并处罚金；有下列情形之一的，处七年以上有期徒刑，并处罚金：（一）在饮用水水源保护区、自然保护地核心保护区等依法确定的重点保护区域排放、倾倒、处置有放射性的废物、含传染病病原体的废物、有毒物质，情节特别严重的；（二）向国家确定的重要江河、湖泊水域排放、倾倒、处置有放射性的废物、含传染病病原体的废物、有毒物质，情节特别严重的；（三）致使大量永久基本农田基本功能丧失或者遭受永久性破坏的；（四）致使多人重伤、严重疾病，或者致人严重残疾、死亡的。有前款行为，同时构成其他犯罪的，依照处罚较重的规定定罪处罚。

**❯ 相关知识　危险废物**

危险废物是指列入《国家危险废物名录》，或者根据国家规定的危险废物鉴别标准和鉴别方法认定的，具有危险特性的固体废物。《国家危险废物名录（2021 年版）》规定的危险废物共有 46 大类 467 种，包括常见的车辆维修保养时产生的废润滑油、废铅蓄电池、失效变质的化学药品、生活垃圾焚烧飞灰等。危险废物具有毒性、腐蚀性、易燃性、反应性或感染性等危险特性，处置不当可能对生态环境和人体健康造成有害影响，需要按照国家有关规定严格管理。

## *33*　发现污染环境违法犯罪行为应当如何做？

保护环境，人人有责。人民群众发现有人实施环境违法犯罪行为，应立即通过行政主管部门或公安机关公布的举报电话和网上举报渠道等进行反映。在有条件和确保自身安全的情况下，可对违法犯罪行为进行摄像和拍照，为相关部门后续调查处理固定违法犯罪人员特征、时间、地点、方式及车辆牌号等证据。国家对举报人予以法律保护，根据一些地方规定，对查证属实的还将予以一定奖励。

# 篇三

## 提升自然生态系统质量和稳定性

# *34* 近年来，我国国土绿化取得了哪些成绩？

"十三五"期间，各地区各部门认真践行习近平生态文明思想，持续开展大规模国土绿化行动。全国完成造林、封育及退化林修复 5.45 亿亩，森林覆盖率提高到 23.04%，森林蓄积量达 175.6 亿立方米，连续 30 年保持"双增长"；种草改良 1.7 亿亩，草原综合植被盖度提高到 56.1%。全国 26 亿人次适龄公民参加义务植树，爱绿植绿护绿氛围日益浓厚。全国新增国家森林城市 98 个、国家生态园林城市 19 个、国家园林城市 120 个、城市人均公园绿地面积达到 14.36 平方米，建成绿道约 8 万公里，全国 95% 以上的村庄开展了清洁行动，林草产业年总产值 8.17 万亿元，绿色惠民成效明显。

> ❯ **重要论述**　**统筹推进山水林田湖草沙系统治理**

2018 年 5 月 18 日，习近平总书记在全国生态环境保护大会上的讲话中指出：生态是统一的自然系统，是相互依存、紧密联系的有机链条。人的命脉在田，田的命脉在水，水的命脉在山，山的命脉在土，土的命脉在林和草，这个生命共同体是人类生存发展的物质基础。一定要算大账、算长远账、算整体账、算综合账，如果因小失大、顾此失彼，最终必然对生态环境造成系统性、长期性破坏。

要从系统工程和全局角度寻求新的治理之道，不能再是头痛医头、脚痛医脚，各管一摊、相互掣肘，而必须统筹兼顾、整体施策、多措并举，全方位、全地域、全过程开展生态文明建设。

# *35* 我国将如何科学推进国土绿化？

"十四五"及今后一段时期，我国将深入贯彻习近平生态文明思想，重点围绕"在哪造""造什么""怎么造""怎么管"四个关键环节科学推进国土绿化。一是规划"在哪造"。编制实施国土绿化规划纲要、三北六期工程、草原保护修复等相关规划，开展可造林地适宜性综合评估，以宜林荒山荒地荒滩、荒废和受损山体、退化林地草地等为主开展绿化。二是明确"造什么"。充分考虑水资源时空分布和承载能力，开展科学绿化背景下林水关系研究、林草植被适应性评价，科学配置林草植被。组织各地制定主要乡土树种名录，提倡使用乡土树种、多样化树种营造混交林。三是规范"怎么造"。坚持自然恢复为主、人工修复与自然恢复相结合，制修订《造林技术规程》等技术标准，强化作业设计合理性评价并监督实施。

长白山林区（崔周范／摄）

四是落实"怎么管"。全面推行林长制，完善绿化后期养护管护制度，构建天空地一体化综合监测评价体系，推进造林绿化落地上图精细化管理，开展国土绿化成效评价。

# 36 进行林地用途管制有哪些具体措施？

我国林地用途管制的措施主要有：一是编制实施林地保护利用规划，明确林地范围和林地保有量，划定林地保护等级，严格限制林地转为建设用地，严格控制林地转为其他农用地，严格保护公益林地。二是实施建设项目使用林地（包含占用、临时使用和修筑直接为林业生产经营服务的工程设施占用林地）审核审批制度。涉及占用林地的，未经林业主管部门审核同意，有关人民政府不得批准建设用地。临时使用林地期满后必须按要求恢复植被和林业生产条件。三是实施占用林地定额管理制度，对占用林地进行总量控

制。林地定额根据国民经济和社会发展需要以及林地
保护利用规划，结合国家土地供应政策、新增建设用
地规模、林地资源现状等因素确定。四是建立森林植
被恢复费征收制度。发挥森林植被恢复费价格调节作
用，实行差别化管理政策，促进建设项目节约集约使
用林地。五是开展林地执法监管。加强对非法改变林
地用途、临时使用林地期满后不予恢复等行为的监管。

##  我国为什么要执行年森林采伐限额制度？

　　森林资源作为一种可再生的自然资源，有着自身
的生物学特性和生长规律，具有生长周期长、见效
慢、易受灾害造成损失等特点。为节约利用、科学保
护森林资源，促进社会经济可持续发展，《中华人民
共和国森林法》确立限额采伐制度。各省级林业主管
部门以最新森林资源调查数据为基础，按照消耗量低
于生长量和分类经营管理的原则，编制本行政区年采

江苏句容市森林秋韵（李延平／摄）

伐限额，经征求国务院林业主管部门意见，报本级人民政府批准后公布实施，并报国务院备案。年采伐限额实行五年核定一次。从世界范围来看，多数国家实行了森林采伐限额制度。比如加拿大和美国，也是五年制定一次年允许最大采伐量。

**草原有哪些功能?**

　　草原是我国重要的生态系统和自然资源，在维护国家生态安全、边疆稳定、民族团结和促进经济社会可持续发展、农牧民增收等方面具有基础性、战略性作用。

　　首先，草原具有保持水土、涵养水源、防风固沙、净化空气、固碳释氧、维护生物多样性等重要的

新疆巴州和静县的巴音布鲁克大草原（王宇飞／摄）

生态功能，在维护国家生态安全、建设生态文明和美丽中国中具有独特的功能和作用。其次，草原具有重要的经济和社会功能。我国草原主要分布在边疆少数民族地区，是各民族群众世代生活的家园，是农牧民赖以生存的生产资料，更是该区域经济社会发展和乡村振兴的重要基础。最后，草原是中华文明的重要源头之一，孕育了历史悠久、丰富多彩的草原文化。草原文化是中华文化的重要组成部分，体现了人与自然和谐共生的思想，秉承了尊重自然、顺应自然、保护自然的理念。

壮哉！中国草原

# 39 我国草原生态系统面临哪些威胁？

我国草原主要分布在干旱半干旱和高寒高海拔地

区，生态系统十分脆弱。当前，我国草原生态系统主要面临着全球气候变化和人为不合理利用的双重威胁。一方面，全球气候变化引起的气温升高和天气异常，对草原生态系统健康造成不利影响。另一方面，随着我国工业化和城镇化快速发展，许多草原因公路、铁路等基础设施建设、城镇扩张以及矿藏开采等被占用，一些草原被开垦为耕地，造成草原面积持续减少。同时，牲畜数量持续增长，造成草原超载过牧，继而引发草原退化和承载力下降。近年来，通过加强草原保护修复，我国草原生态恶化的趋势得到初步遏制，但草原生态系统整体仍较为脆弱，中度和重度退化面积仍占 1/3 以上，草原保护修复的任务依然繁重。

## 草原有害生物包括哪些种类？

草原有害生物主要指在草原上短时期内大量爆

发，造成草原植被严重破坏，引起草原生态系统失衡
的鼠类、虫类以及多种毒害草。鼠类主要为繁殖能力
强、短期内种群数量可以快速增加、对草原造成巨大
破坏的啮齿类动物，包括地面鼠和地下鼠。例如内蒙
古草原的布氏田鼠、长爪沙鼠，青藏高原的高原鼠
兔、高原鼢鼠，新疆草原的黄兔尾鼠等。虫类主要指
大量繁殖和生长，对草原生态环境带来巨大危害，导
致草原植被破坏，引起草原退化的各类昆虫和其他节
肢动物等。例如东亚飞蝗、东亚小车蝗等蝗虫，草原
毛虫等蛾类害虫，以及草原上的叶甲类、刺吸类害
虫。草原毒草是指在自然状态下，以青饲或干草的形
式被家畜采食后，妨碍家畜正常生长发育或引起家畜
生理异常现象，甚至导致家畜死亡的植物。草原害草
是指在自然状态下，自身不含有毒物质，但某些器官
（茎、叶、种子）、具芒、钩、刺等外部形态，在特
定生长发育阶段可能对家畜造成机械损伤甚至导致
家畜死亡，或含有特殊物质，使采食家畜品质降低
的植物。

# 41 我国近岸典型海洋生态系统有哪些？分布状况如何？

我国近岸海洋生态系统类型众多，典型的包括红树林、海草床、珊瑚礁和河口、海岛、潟湖等生态系统。

我国红树林自然分布最北界限在福建福鼎，南至海南三亚，主要分布于广东、广西、海南，三省红树林面积占全国95％左右。我国海草床面积106.37平方公里，主要分布在辽宁、河北、山东、广东、广

山东长岛综合海洋生态试验区秀美风貌（新华社记者　王凯／摄）

061

西、海南六省（区）。我国珊瑚礁生态系统主要分布在北回归线以南广大海域，南海诸岛是我国珊瑚礁的主要分布区，近岸海域珊瑚礁主要分布在海南、广东、广西和福建四省（区），礁体发育程度由南向北递减。我国大陆海岸潟湖集中分布在辽宁、河北、山东、广东和广西，南海地区还分布有珊瑚潟湖。近年来，为保护海洋生态系统和生物资源，我国建立了一系列海洋保护地，对重要海洋生态系统及其所承载的海洋资源、生态功能实施长期保护。

2021 年 5 月，浙江温州市洞头海域东海原甲藻赤潮

**》相关知识　赤潮**

赤潮是指海洋浮游生物在一定环境条件下爆发性增殖或聚集达到某一密度，引起水体变色或对海洋中其他生物产生危害的一种生态异常现象，又称为有害藻华。

# 42 通过海岸带生态保护修复提升海洋灾害防御能力的措施有哪些?

一是加强自然岸线生态保护修复和人工防护工程生态化建设，促进生态减灾协同增效，推动构建基于自然的、更具韧性的海岸带综合防护体系。二是实施红树林、盐沼、砂质海岸等生态系统修复，发挥生态系统防潮御浪、固堤护岸等减灾功能。三是在海洋灾害多发易发的滨海湿地分布区，在确保海堤防御能力不降低的前提下，因地制宜实施堤前潮间带重构、堤身生态化改造、堤后缓冲带构建、退缩建坝、增设潮汐通道等海堤生态化建设，逐步恢复和提升区域生态功能。四是对历史上建设的连岛海堤、围海海堤或海塘，逐步实施海堤开口、堤坝拆除等措施，恢复海域生态系统完整性。

## 哪些海洋生物易受气候变化威胁?

气候变化会导致海洋变暖和酸化问题。海洋变暖对以珊瑚为代表的对温度变化极为敏感的海洋生物产生严重威胁，是导致我国南海珊瑚礁退化的重要因素之一。海洋酸化会影响利用碳酸钙制造壳体或骨骼的海洋生物，如钙化生物颗石藻类、有孔虫、珊瑚等，使其生物外壳(或骨骼)发生溶蚀，减缓珊瑚虫生长，使珊瑚礁系统退化;对软体动物、棘皮动物等海洋生物的酸碱调节和新陈代谢也有不利影响。

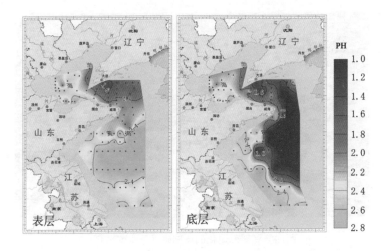

2012 年 11 月渤海、黄海表层和底层酸化水体分布（来源：《2012 年中国海洋环境状况公报》）

广西涠洲岛热白化珊瑚（王永智／摄）

广东徐闻热白化珊瑚（王永智／摄）

西沙群岛部分退化的珊瑚礁（王永智／摄）

## 44 如何保护无居民海岛？

我国有 1 万多个无居民海岛。这些无居民海岛地理环境独特，生态系统相对独立，是特殊的海洋资源，是众多海陆生物栖息繁衍的重要依托，是维护海域权益的重要支点，具有不可替代的生态功能和战略价值，对保护海洋生态和生物多样性具有非常重要的意义。《中华人民共和国海岛保护法》第二十八条规定，未经批准利用的无居民海岛应当维持现状，禁止采石、挖海砂、采伐林木以及进行生产、建设、旅游等活动。严格限制在无居民海岛采集生物和非生物标本。对领海基点所在的海岛、国防用途海岛、海洋自然保护区内的海岛等具有特殊用途或者特殊保护价值的海岛，实行特别保护。

《民法典》：无居民海岛属于国家所有

# 45 如何管控新增围填海行为？

《国务院关于加强滨海湿地保护　严格管控围填海的通知》（国发〔2018〕24 号）规定，严控新增围填海造地，完善围填海总量管控，取消围填海地方年度计划指标，除国家重大战略项目外，全面停止新增围填海项目审批。党的十九届四中全会《决定》进一步强调，"除国家重大项目外，全面禁止围填海"。党中央、国务院、中央军委确定的国家重大战略项目涉及围填海的，由国家发展改革委、自然资源部按照严格管控、生态优先、节约集约的原则，会同有关部门提出选址、围填海规模、生态影响等审核意见，按程序报国务院审批。原则上，不再受理有关省级人民政府提出的涉及辽东湾、渤海湾、莱州湾、胶州湾等生态脆弱敏感、自净能力弱海域的围填海项目。

**保护滨海湿地，严格管控围填海**

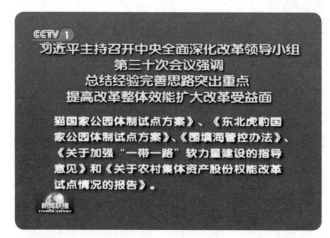

2016 年 12 月 5 日，中央全面深化改革领导小组第三十次会议审议通过《围填海管控办法》

# 46 为什么要保护红树林？

　　红树林是分布于热带和亚热带地区潮间带、以红树植物为主体的植物群落，是海陆交错区生产能力最高的海洋生态系统之一。红树林生态系统具有防风消浪、保护海岸、净化海水、固碳储碳、维持生物多样性和调节气候等重要功能，有"海岸卫士"的美誉。近年来，我国红树林保护修复取得积极进展，初步扭转了红树林面积急剧减少的趋势，但红树林总面积偏小、生境退化、生物多样性降低、外来生物入侵等问题还比较突出，区域整体保护协调不够，保护和监管能力还比较薄弱。必须按照整体保护、系统修复、综合治理的思路，进一步加强红树林保护和修复，维护红树林生境连通性和生物多样性，提升红树林生态系统质量和稳定性。

红树林（来源：《红树林生态修复手册》）

最好的海岸卫士——红树林

> **延伸阅读** 《全国重要生态系统保护和修复重
大工程总体规划（2021—2035年）》

　　规划突出对国家重大战略的生态支撑，研究提出了到2035年推进森林、草原、荒漠、河流、湖泊、湿地、海洋等自然生态系统保护和修复工作的主要目标，以及统筹山水林田湖草一体化保护和修复的总体布局、重点任务、重大工程和政策举措。是当前和今后一段时期推进全国重要生态系统保护和修复重大工程的指导性规划，是编制和实施有关重大工程建设规划的主要依据。

# 47　地下水超采有哪些危害？

地下水超采是指地下水实际开采量超过可开采量，引起地下水水位持续下降、引发生态损害和地质灾害的现象。地下水超采会导致地下水位下降、含水层疏干、水源枯竭，影响居民饮水、农业灌溉和工业用水，并引发地面沉降、地裂缝、河湖干涸萎缩、生态退化等一系列地质灾害和生态环境问题。在沿海地区，地下水超采会破坏地下淡水与海水的压力平衡，造成海水入侵，引发地下水水质恶化、土壤盐碱化等问题。

## 我国地下水保护与管理取得哪些成效？

　　自 2014 年以来，我国以华北地区为重点深入开展地下水超采综合治理，河北、山东、山西、河南以及北京、天津城区年压减地下水超采量超 30 亿立方米，京津冀地区超采区面积减小 3357 平方公里。2018 年开始实施河湖生态补水，至 2021 年 11 月累计补水 157 亿立方米，地下水得到有效回补，河湖

《地下水管理条例》

生态环境有效复苏。2020 年，全国地下水开采总量 892.5 亿立方米，较 2012 年减小 241.8 亿立方米。2021 年出台了我国第一部地下水管理专门行政法规《地下水管理条例》，进一步强化了地下水节约保护、超采治理和污染防治。

滹沱河生态补水美景

# 49 什么是湿地？湿地的主要生态功能是什么？

根据《关于特别是作为水禽栖息地的国际重要湿

地公约》，湿地是指天然或人工的、永久或季节性的沼泽地、泥炭地或水域，蓄有静止或流动、淡水、微咸或咸水水体，包括低潮时水深不超过 6 米的海域。

湿地与森林、海洋并称为全球三大生态系统，具有涵养水源、净化水质、调蓄洪水、调节气候和维护生物多样性等重要生态功能。因此，湿地又被誉为"地球之肾""淡水之源""物种基因库""储碳库""物种宝库"和"人类文明的摇篮"。

青海玉树州楚玛尔河湿地（李晓东 / 摄）

《湿润的"家园"》——湿地科普小课堂

**❯ 延伸阅读　河湖岸线的生态功能及分区**

　　河湖岸线空间指河湖水陆之间的连接带和过渡区，是河湖生态系统的重要载体。健康的河湖岸线有从水生到陆地生态系统过渡的植物带，它是河湖天然的绿色屏障，具有阻控陆域面源污染物、保持物种多样性、稳固河岸等生态功能，对于保护和提升水体自净能力、维护生物多样性具有重要作用。河湖岸线的自然状况、河湖自然岸带宽度及植被覆盖率是评估河湖生境、河湖健康程度的重要指标。为加强河湖岸线保护与利用，提高河湖岸线空间管控水平，将岸线划分为保护区、保留区、控制利用区、开发利用区等不同功能定位的区段。

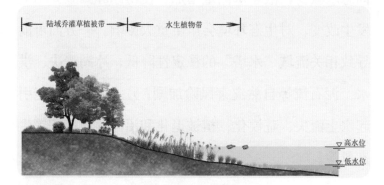

保护河湖自然岸线

## 为什么要保护冰冻圈？冰冻圈退化会引起什么生态风险？

冰冻圈是地球系统中水体处于冻结状态的负温圈层，主要包括冰川、冻土、积雪、河冰、湖冰、海冰、冰架、冰山、雪花、冰晶等。冰冻圈不仅能够给人类提供各种产品和服务，包括淡水资源、天然冷能、天然气水合物、休闲旅游和交通运输通道等，还具备气候调节、径流调节、水源涵养、生态调节和陆表侵蚀调节的功能。

在全球变暖背景下，多年冻土消融、冰川退缩，固态水减少，液态水储量增加，使得冰冻圈服务功能发生改变，对生态环境会产生重大影响。一方面可能导致相关流域"水塔"的稳定性降低，冰湖溃决、洪水、泥石流等自然灾害风险加剧；另一方面，可能引起水土流失、荒漠化、植被退化和沼泽湿地萎缩等生态风险。

冰川退缩引起土地退化

多年冻土消融引起土地退化

# 51 我国的主要沙漠和沙地有哪些？

　　我国主要有八大沙漠、四大沙地。八大沙漠包括塔克拉玛干沙漠、库姆塔格沙漠、古尔班通古特沙漠、柴达木盆地沙漠、巴丹吉林沙漠、腾格里沙漠、乌兰布和沙漠和库布齐沙漠，主要分布在新疆塔里木盆地、准噶尔盆地和青藏高原柴达木盆地等干旱盆地，及甘肃河西走廊、内蒙古西部阿拉善高原、鄂尔多斯高原北部等地区。四大沙地包括毛乌素沙地、浑善达克沙地、呼伦贝尔沙地、科尔沁沙地，主要分布在内蒙古鄂尔多斯高原、锡林郭勒高原、呼伦贝尔高原以及内蒙古、吉林、辽宁三省交界的西辽河冲积平原。

# 52 荒漠生态系统有哪些功能？

　　荒漠生态系统是由旱生或超旱生的小乔木、灌木、半灌木、小半灌木和草本植物，以及与其相适应的动物和微生物等构成的生物群落，与其生境共同形成物质循环和能量流动的动态系统。荒漠生态系统在调控水文和气候，尤其在土壤形成、养分循环等方面对维持地球生态系统稳定具有不可或缺的作用。

柴达木沙漠治理成效显著（张胜邦／摄）

079

# 53 什么是水土流失和水土保持？

水土流失是在水力、重力、风力等自然营力和不合理人类活动作用下，造成水土资源和土地生产力破坏和损失的现象，主要分为水力侵蚀、风力侵蚀、重力侵蚀、冻融侵蚀等类型。

水土保持是指通过保护、改良与合理利用水土资源，建立良好的生态环境，促进防治水土流失，支撑可持续发展的生产活动和社会公益事业。水土保持工作关系国家生态安全、粮食安全、防洪安全和人居安全，是我国的一项基本国策。

# 54 水土流失有哪些危害？

严重的水土流失对经济发展和人民生活带来很多

危害。一是破坏土地资源，导致耕地面积不断减少，威胁人类生存。二是增大河床淤积，使得河道行洪能力降低，加剧洪涝灾害。三是造成土壤日益瘠薄，加剧干旱的发展，使农业生产低而不稳。四是造成水库泥沙淤积，降低其综合运用功能。

# 55 非法采矿构成犯罪将受到怎样的惩处？

根据我国刑法规定，违反矿产资源法的规定，未取得采矿许可证擅自采矿，擅自进入国家规划矿区、对国民经济具有重要价值的矿区和他人矿区范围采矿，或者擅自开采国家规定实行保护性开采的特定矿种，情节严重的，处三年以下有期徒刑、拘役或者管制，并处或者单处罚金；情节特别严重的，处三年以上七年以下有期徒刑，并处罚金。

2021年8月，广西公安机关破获一起漓江风景名胜区内非法采矿案，图为犯罪嫌疑人指认现场

> **相关知识** "情节严重"的非法采矿行为

根据2016年最高人民法院、最高人民检察院《关于办理非法采矿、破坏性采矿刑事案件适用法律若干问题的解释》（法释〔2016〕25号）第三条的规定，实施非法采矿行为，具有下列情形之一的，应当认定为刑法第三百四十三条第一款规定的"情节严重"：（一）开采的矿产品价值或者造成矿产资源破坏的价值在十万元至三十万元以上的；（二）在国家规划矿

区、对国民经济具有重要价值的矿区采矿，开采国家规定实行保护性开采的特定矿种，或者在禁采区、禁采期内采矿，开采的矿产品价值或者造成矿产资源破坏的价值在五万元至十五万元以上的；（三）二年内曾因非法采矿受过两次以上行政处罚，又实施非法采矿行为的；（四）造成生态环境严重损害的；（五）其他情节严重的情形。

# 56 什么是生物多样性？在生物多样性保护方面我国开展了哪些工作？

生物多样性是生物（动物、植物、微生物）与环境形成的生态复合体以及与此相关的各种生态过程的总和，包括生态系统、物种和基因三个层次。生物多样性是人类赖以生存和发展的基础，是地球生命共同体的血脉和根基。

党的十八大以来，在习近平生态文明思想的指引下，我国在生物多样性保护方面取得显著成效。一是成立中国生物多样性保护国家委员会，不断加强部际联动和央地合作，统筹协调全国生物多样性保护工作。二是颁布和修订了生物安全法、野生动物保护法、湿地保护法等20多部生物多样性相关法律，制定了《中国生物多样性保护战略与行动计划》(2011—2030年)，印发实施《关于进一步加强生物多样性保护的意见》。三是初步形成生态保护红线划定成果，建立各级各类自然保护地面积约占陆地国土面积18%，实施长江流域重点水域十年禁渔，统筹推进山

驰骋在雪域高原的藏野驴

水林田湖草沙一体化保护修复。四是加大生物多样性保护能力建设。实施生物多样性保护重大工程，持续推进生物多样性本底调查、观测和评估，发布中国生物多样性红色名录。五是积极引导、鼓励全社会广泛参与，形成了"政府引导、企业担当、公众参与"的生物多样性保护机制。

共同的家园

 **如何保护海洋生物多样性？**

　　我国是世界上海洋生物多样性最为丰富的国家之一，迄今我国海洋生物共记录到 28000 余种，约占世界已知海洋生物物种总数的 11%。保护海洋生物多样性的主要措施包括：建立海洋保护地网络体系，为珍稀濒危的哺乳类、鸟类、爬行类等海洋生物提供栖息地，保护其栖息、繁育和觅食的场所，并规范、加强自然保护地管理，提升对海洋生物的保护、救护能力；严格海洋自然保护地和生态保护红线监管，持续开展"绿盾"自然保护地强化监督等监督检查活动；开展海洋生物多样性调查和保护，加强典型海洋生态系统监测监管，对各类重要海洋生态功能区、关键海洋物种分布区等开展常态化监测监管；加强海洋科普教育和宣传，鼓励公众加入海洋生物多样性保护行列之中。

中华白海豚（李宏俊／摄）

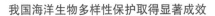

我国海洋生物多样性保护取得显著成效

## 我国法律是如何规范野生动物放生行为的？

《中华人民共和国野生动物保护法》第三十八条规定："任何组织和个人将野生动物放生至野外环境，应当选择适合放生地野外生存的当地物种，不得干扰当地居民的正常生活、生产，避免对生态系统造成危害。随意放生野生动物，造成他人人身、财产损害或者危害生态系统的，依法承担法律责任。"

海南三沙放生海龟，保护海洋环境

## 哪些行为会构成非法捕捞水产品犯罪？

根据我国刑法规定，违反保护水产资源法规，在禁渔区、禁渔期或者使用禁用的工具、方法捕捞水产品，情节严重的，处三年以下有期徒刑、拘役、管制或者罚金。

## 为什么要开展长江"十年禁渔"?

长江水生生物多样性对于维护国家生态安全、保障长江经济带高质量发展具有重要作用。长期以来，受诸多人类活动的影响，长江水生生物资源急剧减少，珍稀特有物种全面衰退，生物多样性持续下降，长江陷入了"资源越捕越少、生态越捕越糟、渔民越捕越穷"的恶性循环。因此，国家为恢复长江水生生物多样性作出了"十年禁渔"的重要决策，这是我国生态资源保护史上前所未有的伟大创举，是落实共抓长江大保护、保障长江经济带高质量发展的关键之举。

长江禁渔公益广告

# *61* 开展"长江禁捕　打非断链"专项行动对经营者提出了哪些具体要求?

一是严禁采购、销售和加工来自禁捕水域的非法捕捞渔获物。

二是严禁采购、销售和加工无法提供合法来源凭证的水产品。

三是严禁对水产制品标注"长江野生鱼""长江野生江鲜"等字样。

四是严禁餐饮单位经营"长江野生鱼""长江野生江鲜"等相关菜品。

五是严禁出售、购买、食用长江流域珍贵、濒危水生野生动物及其制品。

六是严禁以"长江野生鱼""长江野生江鲜"为

噱头进行宣传。

七是严禁为出售、购买、利用长江流域非法捕捞渔获物及其制品或者禁止使用的捕捞工具发布广告。

八是严禁为违法出售、购买、利用长江流域非法捕捞渔获物及其制品或者禁止使用的捕捞工具提供交易服务。

长江禁捕宣传海报

市场监管总局部署推进"长江禁捕　打非断链"专项行动

> **延伸阅读**　开展"长江禁捕　打非断链"专项行动

　　长江重点水域"十年禁渔"是以习近平同志为核心的党中央从战略全局高度和长远发展角度作出的重大决策，是落实长江经济带共抓大保护措施、扭转长江生态环境恶化趋势的关键之举。为贯彻落实党中央、国务院关于长江流域禁捕的决策部署，自 2020 年 7 月 1 日至 2021 年 6 月 30 日，在全国范围内组织开展为期 1 年的"打击市场销售长江流域非法捕捞渔获物专项行动"。2020 年 7 月 15 日，发布《关于开展"长江禁捕　打非断链"专项行动的公告》，严禁"八类"市场销售长江流域非法捕捞渔获物违法行为，自 2021 年 1 月 1 日起全面禁止交易来自长江干流、长江口禁捕管理区和岷江、沱江、赤水河、嘉陵江、乌江、汉江、大渡河等重要支流，以及鄱阳湖、洞庭湖等大型通江湖泊非法捕捞渔获物。为进一步巩固专项行动阶段性成果，打好长江"十年禁渔"持久战，将"打击市场销售长江流域非法捕捞渔获物专项行动"期限延长2年，至2023年6月30日结束。

## 62 为违法出售、购买、利用野生动物及其制品或者禁止使用的猎捕工具提供交易服务的，要承担什么法律责任?

《中华人民共和国野生动物保护法》第三十二条规定，禁止网络交易平台、商品交易市场等交易场所，为违法出售、购买、利用野生动物及其制品或者禁止使用的猎捕工具提供交易服务。第五十一条规定，违反本法第三十二条规定，为违法出售、购买、利用野生动物及其制品或者禁止使用的猎捕工具提供交易服务的，由县级以上人民政府市场监督管理部门责令停止违法行为，限期改正，没收违法所得，并

处违法所得二倍以上五倍以下的罚款；没有违法所
得的，处一万元以上五万元以下的罚款；构成犯罪
的，依法追究刑事责任。

严禁非法出售、收购国家重点
保护野生植物宣传海报

禁止滥食野生动物宣传海报

 ## 我国刑法规定的"珍贵、濒危野生动物"包括哪些?

根据 2000 年 11 月 17 日最高人民法院《关于审
理破坏野生动物资源刑事案件具体应用法律若干问题

的解释》（法释〔2000〕37号）第一条的规定，"珍贵、濒危野生动物"包括列入国家重点保护野生动物名录的国家一、二级保护野生动物，列入《濒危野生动植物种国际贸易公约》附录一、附录二的野生动物以及驯养繁殖的上述物种。

2021年6月，浙江公安机关民警会同市场监管执法人员对查获的国家重点保护的珍贵、濒危野生动物制品进行清点

**非法携带、寄递国家禁止进境的动植物及其产品对国家生态安全有什么危害？**

非法携带、寄递的国家禁止进境的动植物及其产品，由于未经风险评估，也未经国外官方检疫，其传带动植物疫情疫病的风险较高，会对我国农林牧渔业生产安全和生态环境构成威胁。同时，非法携带、寄递的动植物一旦进入国内，在没有天敌的情况下，很可能成为外来入侵物种，危及生物多样性，甚至威胁人类健康安全。

> **〉延伸阅读** 我国规范进境携带、寄递行为
>
> 2021 年 10 月 20 日，我国发布《中华人民共和国禁止携带、寄递进境的动植物及其产品和其他检疫物名录》，以规范进境携带和寄递行为，保护我国

农林牧渔业生产、生态和公共卫生安全。

## 延伸阅读　跨境交易"异宠"的危害

"异宠",也称为异形宠物。近年来,一些猎奇的宠物爱好者通过网络从国外购买国内没有分布的新奇异宠,主要有蚂蚁、甲虫、蛙类、蜘蛛等。

根据生物安全法相关规定,未经批准,擅自引进"异宠"属违法行为。非法引入的"异宠"未经生物安全风险评估和输出国官方检疫,可能携带动植物疫病疫情,如擅自释放、丢弃,一旦适应新环境,由于没有天敌的压制,极有可能造成外来物种入侵,破坏生态系统。同时,有些"异宠"具有攻击性和毒性,可能传播病毒和病菌,严重威胁人类健康。在目前已知的约200种人畜共患病中,至少有70种与"异宠"有关。

海关关员截获异宠

 外来入侵物种会对生态安全造成
什么影响？

　　外来入侵物种，一旦在新的环境建立种群，会改变或威胁本地的生物多样性。外来入侵物种会侵占本地物种的生存空间，造成本地物种死亡和濒危，导致本土物种种群数量下降或物种消失，对生态系统造成破坏。同时，部分外来入侵物种本身就是危险性病、虫、杂草，也会给农林牧渔业生产带来巨大的经济损失。防范外来物种入侵，需要多部门联动、全社会携手，共同织牢生物安全防护网，守护我们共有的美丽家园。

> **相关知识** **外来物种与外来入侵物种**

　　世界自然保护联盟（IUCN）对"外来物种"作出了明确的界定，是指在该地区过去或现在自然分布以外的物种、亚种及以下的分类单元。《生物多样性公约》（CBD）对"外来入侵物种"作了进一步定义，指传入和（或）扩散威胁到生物多样性的外来物种。外来入侵物种有两个特点：一是为外来物种；二是已经建立种群，并对当地生态环境或生物多样性造成威胁。不是所有的外来物种都会成为外来入侵物种。那些能够建立种群，改变或威胁本地生物多样性和农林牧渔业生产的外来物种，我们才称之为外来入侵物种。

　　"一枝黄花"现身多地，为何被称"生态杀手"？

一枝黄花（杨晓原 / 摄）

**❯ 延伸阅读　互花米草的危害**

互花米草原产于北美大西洋沿岸，是禾本科、米草属多年生草本植物。在海洋外来入侵物种中，互花米草是影响最为严重的物种之一。互花米草的入侵在很大程度上压缩了本地植被、底栖生物、鸟类的生存空间，严重影响海岸带地区生物多样性。

互花米草

互花米草入侵

**❯ 相关知识　多辐翼甲鲶**

　　我国南方水系中常见的入侵物种清道夫（学名多辐翼甲鲶），因其极易存活，大量繁殖，挤占了土著鱼类的生存空间，影响生物多样性。

多辐翼甲鲇

# *66* 哪些行为属于破坏森林草原和野生动植物资源犯罪?

根据刑法有关规定,公安机关主要依法打击以下几类破坏森林草原和野生动植物资源的犯罪:一是非法捕捞水产品罪;二是危害珍贵、濒危野生动物罪;三是非法狩猎罪;四是非法猎捕、收购、运输、出售陆生野生动物罪;五是非法占用农用地罪;六是破坏自然保护地罪;七是危害国家重点保护植物罪;八是盗伐林木罪;九是滥伐林木罪;十是非法收购、运输盗伐、滥伐的林木罪。

> **延伸阅读　刑法规定的"盗伐林木罪"**

根据最高人民法院《关于审理破坏森林资源刑事案件具体应用法律若干问题的解释》（法释〔2000〕36号），以非法占有为目的，具有下列情形之一，数量较大的，依照刑法第三百四十五条第一款的规定，以盗伐林木罪定罪处罚：一是擅自砍伐国家、集体、他人所有或者他人承包经营管理的森林或者其他林木的；二是擅自砍伐本单位或者本人承包经营管理的森林或者其他林木的；三是在林木采伐许可证规定的地点以外采伐国家、集体、他人所有或者他人承包经营管理的森林或者其他林木的。

**什么是中国的国家公园？目前我国设立了哪些国家公园？**

为推动解决我国自然保护地重叠设置、多头管理、边界不清、权责不明等问题，党的十九大提出建立以国家公园为主体的自然保护地体系，将自然保护地分为国家公园、自然保护区、自然公园三类。其中，国家公园是指以保护具有国家代表性的自然生态系统为主要目的，实现自然资源科学保护和合理利用的特定陆域或海域，是我国自然生态系统中最重要、自然景观最独特、自然遗产最精华、生物多样性最富集的部分，保护范围大，生态过程完整，具有全球价值、国家象征，国民认同度高。

2021年10月，习近平主席在《生物多样性公约》第十五次缔约方大会领导人峰会上发表主旨讲话，提出中国正式设立三江源、大熊猫、东北虎豹、海南热带雨林、武夷山等第一批国家公园，保护面积达23万平方公里，涵盖近30%的陆域国家重点保护野生动植物种类。

## 68 国家公园内的自然资源资产如何实现统一管理？

国家公园作为独立自然资源登记单元，依法对区域内水流、森林、山岭、草原、荒地、滩涂等所有自然生态空间统一进行确权登记。按照国务院对五个新设立国家公园的批复，国家公园全民所有自然资源资产所有者职责，经国务院授权，由自然资源部履行或自然资源部委托相关省级人民政府代理履行，由国家公园管理机构负责保护和运营管理。对国家公园内集体所有的土地及其附属资源，可通过征收、流转、租赁、协议等方式，调整土地权属，实现自然资源资产统一管理。

国家公园——有生命的国家宝藏

 ## 自然灾害对生态环境有什么影响？

　　地震、火山爆发、泥石流、海啸、台风、洪水等自然灾害对生态环境的影响是巨大的。如地震可能破坏生态平衡，导致生态环境质量恶化。火山爆发时将喷出大量灼热的熔岩、碎屑、灰尘、二氧化碳、硫化氢、二氧化硫等，可能对生态环境造成巨大破坏和影响。海啸常导致海水侵蚀地下水及沙滩消失或移位，对植被造成根本性破坏。台风带来的狂风暴雨常破坏沿岸植被，引发局地洪水，破坏当地生态系统。洪水引发的水土流失、泥石流等灾害可能使生态系统遭到大扰动，造成水体污染，影响动植物栖息和生存繁衍。

## 70 全国防灾减灾日是哪天？为什么设立全国防灾减灾日？防灾减灾日期间通常有哪些活动？

　　每年的 5 月 12 日为全国防灾减灾日。我国是世界上自然灾害最为严重的国家之一，为进一步引起社会各界对防灾减灾工作的高度关注，增强全社会防灾减灾意识，普及推广全民防灾减灾知识和避灾自救技能，提高各级综合减灾能力，最大限度地减轻自然灾害的损失，2008 年 5 月 12 日四川汶川 8.0 级特大地震后，经国务院批准设立全国防灾减灾日，时间为每年的 5 月 12 日。

　　每年全国防灾减灾日前，国家减灾委办公室都要印发通知，明确每年全国防灾减灾日主题，对各地举办防灾减灾宣传、教育、演练、隐患排查治理等活动作出部署。

全国防灾减灾日宣传海报

**❯ 相关知识　自然灾害**

　　自然灾害是指给人类生存带来危害或损害人类

生活环境的自然现象，包括洪涝、干旱、台风、风雹、低温、高温、暴雪、暴雨、沙尘暴、地震、森林草原火灾、崩塌、滑坡、泥石流、风暴潮、海啸、雾霾、雷电等。我国自然灾害分为气象灾害、地震灾害、洪水灾害、地质灾害、海洋灾害、生物灾害和森林草原火灾七类，具有灾害种类多、发生频率高、分布范围广、地域差异大的特点。

## 71 森林草原火灾的危害有哪些？森林草原火灾有几个等级？

森林草原火灾突发性强、破坏性大、危险性高，是全球发生最频繁、处置最困难、危害最严重的自然灾害之一。森林草原火灾不仅严重破坏森林草原资源和生态环境，而且会对人民生命财产和公共安全造成极大危害，对国民经济可持续发展和生态安全造成巨大威胁。具体危害表现在以下几个方面：烧毁森林草原植被资源、危害野生动物、引发水土流失、使下游河流水质下降、造成空气污染等。

森林火灾

森林消防队员在奋力扑火（程雪力／摄）

　　按照受害森林草原面积、伤亡人数和直接经济损失，森林草原火灾分为一般森林草原火灾、较大森林草原火灾、重大森林草原火灾和特别重大森林草原火灾四个等级，具体分级标准按照有关法律法规执行。

> **〉延伸阅读　森林火险预警信号**

　　森林火险是森林可燃物受天气条件、地形条件、植被条件、火源条件影响而发生火灾的危险程度指标。森林火险等级是将森林火险按森林可燃物的易燃程度和蔓延程度进行等级划分，表示森林火灾发生危险程度的等级，通常分为一至五级，其危险程度逐级升高。森林火险预警信号是依据森林火险等级及未来发展趋势所发布的预警等级，共划分为中度危险、较高危险、高度危险、极度危险四个等级，依次为蓝色、黄色、橙色、红色。其中橙色、红色为森林高火险预警信号。有关单位根据发布的预警信号等级采取相应的防范措施。

## 森林草原中的可燃物主要有哪些？

森林草原可燃物指森林草原中所有的有机物质，如乔木、灌木、草类、苔藓、地衣、枯枝落叶、腐殖质和泥炭等。

## 哪些行为会引发森林火灾？公众该如何预防森林火灾？

从统计看，95%以上的森林火灾由人为因素引发，仅少部分森林火灾因雷击、自燃等引发。人为因素中占比较高的包括农事用火、祭祀用火、野外吸烟和未成年人玩火等。因此，广大人民群众要严格遵守森林防灭火有关规定，做到不带火种进山，不在林缘、林内焚烧农作物秸秆、烧田埂和点烧垃圾；不在林内吸烟、野炊、篝火、放孔明灯；坚持文明祭扫、绿色祭扫，不在林内上香上灯、焚烧纸钱、燃放烟花爆竹；教育未成年人不在林缘、林内玩火；积极参与防火工作，发现火情主动拨打 12119 报警，并对野外违规用火行为进行劝阻。

> **延伸阅读** **我国森林草原火灾的主要特点规律**
>
> 我国森林火灾发生频繁，从空间上看，火灾发生次数呈南多北少的格局，东北地区受灾面积大、受灾程度重，南方地区火灾次数多、受灾程度较低；从时间上看，我国一年四季都有火灾发生，但主要集中在春、秋两季，特别是春季天干物燥，是森林火灾易发、高发期。草原火灾季节、地域性变化规律明显，每年春、秋季是草原火灾多发期，火灾主要集中在内蒙古、四川、西藏、青海、新疆等草原区。

##  74 气候变化对生态安全造成了哪些影响？

气候变化及极端天气气候事件的增加，不但深刻影响着人类生产生活，也是导致自然生态退化和风险增加的重要原因。1960—2019年，我国每10年年均气温增幅达0.27℃，极端天气气候事件增加，气候变化区域差异大。受气候变化影响，我国部分地区河湖湿地萎缩、水土流失加剧、草原植被生产力降低、林火灾害范围和频次加大，生态系统稳定性和服务功能降低，许多动植物物种分布范围改变。

## 75 什么是生态气象风险？为什么要科学评估生态气象风险？

生态气象风险指在一定区域内，因气候条件异常或灾害，对生态系统产生不利影响的风险。

科学评估生态气象风险，可以诊断出影响生态系统结构和功能的致灾气象因子，探索指引致灾因子的规避、减缓与适应，帮助决策者采取相应的保护和补救措施，更好地保障国家生态安全。

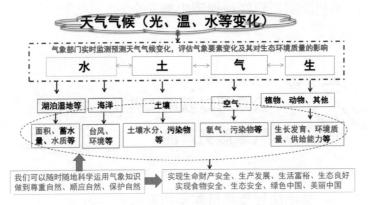

天气气候与生态系统"水、土、气、生"的关系

# 76　什么是植被分布气候适宜性？

　　植被分布区内热量和水分等气候因子的梯度变化，不仅会影响有关物种的生存状况和生产力，而且可以影响植被的演替过程。反之，生态系统对气候和环境也有一定的适应性，随着气候和环境的变化，植被的地理分布也可能发生变化，这就是植被分布气候适宜性。定量描述植被对环境的适宜性，科学评价气候和植被的关系，可以减小全球气候变化对生态系统

的不利影响，更好地保障生态安全。

## 公众可以获得哪些生态和环境气象服务产品？

一是中国气象局每年年初发布上一年《全国生态气象公报》和《大气环境气象公报》，公布最新气象条件对全国生态环境质量的影响情况。二是全国草原生态气象监测预测专报，分析上个月气象条件对草原的影响，预估未来一个月草原可能出现的气象灾害。三是北方荒漠生态气象监测预测专报，逐月监测并评估北方地区植被生长状况、易起沙尘指数、沙尘天气发生情况，预测下一个月气象条件对北方地区的影响。四是重点生态功能区气象影响评估专报，针对青藏高原生态保护、黄土高原水土流失治理、京津冀水源涵养、东北森林带保护、西南地区石漠化防治等开展的气象影响评估。五是植树造林适宜期预报，每年冬末和春季，预报植树造林适宜的时间、范围。六是生态景观气象预报，春季预报油菜花、桃花、樱花等观赏植物花期以及北方植被变绿期，秋季预报枫树叶、银杏叶等植物变色期。

篇四

持续推动绿色低碳发展

## 什么是碳达峰碳中和？

碳达峰，指二氧化碳排放量达到历史最高值，经历平台期后持续下降的过程，是二氧化碳排放量由增转降的历史拐点。实现碳达峰意味着一个国家或地区的经济社会发展与增加二氧化碳排放量实现"脱钩"，即经济增长不再以增加碳排放为代价。碳中和，指在规定时期内人为二氧化碳移除与人为二氧化碳排放相抵消，实现二氧化碳的净零排放。

## 我国碳达峰碳中和目标是什么？

2020 年 9 月 22 日，习近平主席在第 75 届联合国大会一般性辩论上郑重宣示："中国将提高国家自主贡献力度，采取更加有力的政策和措施，二氧化碳排放力争于 2030 年前达到峰值，努力争取 2060 年前实现碳中和。"实现碳达峰碳中和是以习近平同志为核心的党中央经过深思熟虑作出的重大战略决策，是事关中华民族永续发展和构建人类命运共同体的庄严承诺。

> **❯ 重要论述　持续推动绿色发展**
>
> 　　2017 年 5 月 14 日，习近平主席在"一带一路"国际合作高峰论坛开幕式上的演讲中指出：我们要践行绿色发展的新理念，倡导绿色、低碳、循环、可持续的生产生活方式，加强生态环保合作，建设生态文明，共同实现 2030 年可持续发展目标。

## 什么是碳汇？我国将如何推进提升生态系统碳汇工作？

　　根据《联合国气候变化框架公约》（1992 年），碳汇是指将温室气体、浮质或温室气体的前体物从大气中清除出去的过程、活动或机制。国内外科学研究普遍认为，森林、草原、湿地、耕地等陆地生态系统和海洋生态系统具有碳汇能力。

为贯彻新发展理念、实现碳达峰碳中和目标，未来我国将从巩固和提升生态系统碳汇、加强科技和政策支撑基础等方面，统筹推进生态系统碳汇工作。在巩固生态系统碳汇能力方面，重点构建绿色低碳导向的国土空间开发保护新格局，强化国土空间用途管制，全面提高自然资源利用效率，强化生态灾害防治。在提升生态系统碳汇增量方面，统筹布局和实施生态保护修复重大工程，突出森林在陆地生态系统碳汇中的主体作用，整体推进草原、荒漠、海洋、湿地、河湖保护和修复，开展农田碳汇提升行动，实施城市生态修复工程。在加强科技和政策支撑基础方面，重点加强气候变化成因及影响、生态系统碳汇等基础理论和方法研究，建立生态系统碳汇监测核算体系，建立健全能够体现碳汇价值的生态保护补偿机制。

## 什么是碳捕集、利用与封存？

碳捕集、利用与封存（Carbon Capture, Utilization and Storage，CCUS），是指捕获大型二氧化碳排放源（如火电厂、钢铁厂）排放的二氧化碳或空气中的二氧化碳，将其作为原材料制成各类化学品或生物制品，或封存在地层中（如咸水层、油气田），或用于驱油、驱水等的技术。CCUS 是减少化石能源发电和工业过程中二氧化碳排放的关键技术，也是我国应对气候变化和实现碳中和愿景的重要技术。

## 能源绿色发展与碳达峰碳中和有什么关系？

能源领域是实现碳达峰碳中和的主战场。在习近平主席对外宣示的碳达峰碳中和 4 个重大指标中，与能源直接相关的就有 3 个，分别是 2030 年单位国内生产总值二氧化碳排放量（碳强度）较 2005 年下降 65% 以上、非化石能源消费比重达到 25% 左右，以及风电、太阳能发电总装机容量达到 12 亿千瓦以上。中共中央、国务院《关于完整准确全面贯彻新发展理念做好碳达峰碳中和工作的意见》提出，2060 年我国非化石能源消费比重将达到 80% 以上。伴随能源绿色发展，非化石能源消费比重不断提升，风能、太阳能等零碳能源将逐步取代煤炭、石油等高碳能源，从而大幅降低能源活动的碳排放规模，推动如期实现碳达峰碳中和目标。

## 我国能源绿色发展状况如何？

　　我国能源发展坚持绿色低碳的战略方向，推动能源结构持续优化，2020 年非化石能源消费比重达到 15.9%，与世界平均水平相当。截至 2020 年底，我国非化石能源装机 10.2 亿千瓦，约占世界的 36.7%，是全球非化石能源装机第一大国，其中水电、风电、光伏发电装机规模分别连续 17 年、12 年、7 年稳居全球首位，核电在建规模全球第一，能源绿色发展的势头强劲，正加速迈向清洁低碳、安全高效的能源体系。

光伏发电

风力发电

#  什么是非化石能源和可再生能源?

非化石能源是指除原煤、原油、天然气等由古代生物遗骸沉积形成的、可提供能量的能源资源外的其他一次能源，如水能、核能、风能、太阳能、生物质能、地热能、海洋能等，发电利用是非化石能源开发利用的主要方式。可再生能源指自然环境为人类持续不断提供有用能量的能源资源，也即除核能外的非化石能源。

2021年我国可再生能源发电累计装机容量突破10亿千瓦

2021年我国风电并网装机突破3亿千瓦

**什么是煤炭清洁利用？**

　　煤炭是世界上储量最多、分布最广的常规能源资源，也是我国的主体能源，在国家能源安全稳定供应中承担着兜底保障作用。在煤炭开采、运输、利用等全过程中，通过采取先进技术和加工手段，可以有效减少污染物排放，提高综合利用效率，实现煤炭清洁利用。相关措施主要包括：煤炭洗选、加工（型煤、水煤浆）和转化（煤制油气），大容量、高参数燃煤发电机组应用，燃煤耦合生物质技术，烟气净化（脱硫、脱硝、颗粒物控制等），废弃物处理（粉煤灰利用、煤矸石处理），煤炭和固体废弃物运输清洁化，二氧化碳捕集和封存，等等。

## 强制性能耗限额标准包括哪些方面？

强制性能耗限额标准规定了企业单位产品生产过程中所允许的最大能源消耗量，以及对不同能耗等级的要求。我国现有强制性能耗限额标准 112 项，覆盖了火电、钢铁、建材、化工、有色、煤炭、采矿、交通运输等主要用能行业。通过落实能耗限额标准，可严格能耗准入、引导企业向先进看齐，还可为淘汰落后产能、固定资产投资项目节能审查、节能监察、重点用能单位节能管理、差别电价和惩罚性电价、高耗能行业能效"领跑者"等节能政策制度的实施提供技术依据。

## 如何发挥计量对生态安全的支撑保障作用？

计量是测量的科学，是实现单位统一、量值准确可靠的活动。准确可靠的监测活动是衡量生态安全的重要手段，监测数据"真、准、全"才能确保生态安全监测的有效实施，数据的准确可靠离不开计量技术的支撑。通过国家计量基准、计量标准及其量传体系的建构，使得不同时间、不同地点、不同方法的测量结果实现可靠性、可比性和溯源性。

## 88 推动城乡建设绿色发展对实现碳达峰碳中和目标有什么作用？

城乡建设领域是碳排放大户，而且随着城镇化过程的推进和人民生活的不断改善，碳排放占比还将呈上升趋势。推动城乡建设绿色发展，可以引导区域重大基础设施和公共服务设施共建共享，促进城乡基础设施补短板和更新改造，提高城乡基础设施体系化水平，建设高品质绿色建筑，加快实现工程建设全过程绿色建造。这对实现城乡建设领域节能减排目标、推动建筑业供给侧结构性改革具有重要意义

上海老厂房变身世博"绿色建筑"（新华社发）

和关键作用，将有效推动城乡建设领域实现碳达峰
碳中和目标。

 **我国促进资源、能源节约利用**
**方面的税收政策有哪些？**

　　为促进资源合理开发利用，支持绿色低碳发展，国
家出台了一系列促进资源、能源节约利用的税收政策。

一是在所得税方面，对符合条件的污染防治第三方企业减按 15%税率征收企业所得税；对企业从事符合条件的环境保护、节能节水项目的所得，可以享受企业所得税"三免三减半"优惠政策；企业购置用于符合条件的环境保护、节能节水、安全生产等专用设备投资额的 10%，可以从当年的应纳税额中抵免。二是在增值税方面，对纳税人从事《资源综合利用产品和劳务增值税优惠目录》中所列的资源综合利用项目，按规定享受增值税即征即退政策。三是在消费税方面，对成品油征收消费税，通过税收调节交通运输领域的能源消耗；将电池、涂料等存在较高环境风险的产品纳入消费税征收范围；对小汽车按排量差别设置消费税税率。四是在财产税方面，对节能车船，减半征收车船税；对新能源车船，免征车船税。五是在其他税收方面，自 2018年起，对大气、水、固体、噪声等四类污染开征环境保护税；在河北开展水资源费改税试点，2017 年 12 月起将试点范围扩大到北京、天津等 10 个省（区、市）。

## 什么是碳市场？我国碳市场建设状况如何？

碳市场是利用市场机制控制和减少温室气体排放、推动绿色低碳发展的一项重大制度创新，是落实我国二氧化碳排放达峰目标与碳中和愿景的重要政策工具。2011 年 10 月底，我国在北京、天津、上海、重庆、湖北、广东和深圳等 7 省市开展碳排放权交易地方试点工作。2021 年 7 月 16 日，全国碳市场正式启动上线交易。下一步，全国碳市场相关法规制度体系和技术规范体系将持续完善，市场覆盖范围将逐步扩大到更多的高排放行业，丰富交易品种和交易方式，发挥市场机制在控制温室气体排放、实现我国二氧化碳排放达峰目标与碳中和愿景中的重要作用，实现平稳有效运行和健康持续发展。

全国碳排放权交易市场上线交易正式启动

131

**我国温室气体清单中土地利用、土地利用变化及林业（LULUCF）碳汇量是多少？**

　　土地利用、土地利用变化及林业（LULUCF）温室气体清单是国家温室气体清单的重要组成部分，也是生态系统碳汇的重要内容。为履行《联合国气候变化框架公约》和《巴黎协定》有关义务，我国于2004 年提交了《中华人民共和国初始国家信息通报》，给出了 1994 年我国温室气体清单，后又陆续给出了其他年份的温室气体清单。根据我国 5 次温室气体清单，1994 年、2005 年、2010 年、2012 年、2014 年土地利用、土地利用变化及林业（LULUCF）碳汇量分别为 4.07、8.03、10.3、5.76、11.51 亿吨二氧化碳当量。

中国温室气体清单（LULUCF 部分）

（单位：亿吨二氧化碳当量）

| 年份 | 1994 年 | | 2005 年 | | 2010 年 | | 2012 年 | | 2014 年 | |
|---|---|---|---|---|---|---|---|---|---|---|
| 温室气体类型 | 二氧化碳 | 甲烷 | 二氧化碳 | 甲烷 | 二氧化碳 | 甲烷 | 二氧化碳 | 甲烷 | 二氧化碳 | 甲烷 |
| LULUCF | -4.07 | | -8.03 | 0.37 | -10.3 | 0.37 | -5.76 | 0.00 | -11.51 | 0.36 |

注：空格表示未计算，0.00 表示计算结果小于 0.005。

（来源：中华人民共和国气候变化相关报告）

# 畜禽粪污如何实现资源化利用？

　　畜禽粪污资源化利用的重点方向是种养结合循环利用，主要包括肥料化和能源化应用，其实现途径主要为好氧堆肥和厌氧发酵后还田利用。其中，好氧堆肥是指根据粪污原料和辅料的特性、碳氮比和水分含量，对粪污和辅料按一定比例混合，适当控制堆肥中的氧气含量和温度，通过粪污腐熟发酵生产农用有机肥，同时杀灭大肠杆菌、蛔虫卵等的过程。厌氧发酵是指在一定的水分、温度和厌氧条件下，通过各类厌氧微生物的分解代谢，最终形成沼气、沼渣和沼液，同时杀灭粪污中大肠杆菌、蛔虫卵等的过程。厌氧发酵形成的沼气是清洁能源，可作为燃料用于生产生活和发电并网；沼渣、沼液可通过后续处理，作为肥料用于农作物种植。

# *93* 我国节水国家标准现状如何？

经过近 20 年的发展，我国逐步形成了涵盖工业、农业、城镇生活、非常规水利用等全社会用水领域的节水标准体系。我国现行有效的节水标准达 260 余项，主要涉及节水基础与管理、取水定额、产品水效、节水评价、节水技术、非常规水利用、污水资源化等领域。这些标准的制定和实施对于支撑我国取水许可和计划用水管理、水效标识制度、水效领跑者引领行动等政策发挥了巨大的作用。

# *94* 如何践行绿色低碳生活方式，助力实现碳达峰碳中和目标？

　　实现碳达峰碳中和目标，有赖于全社会进一步增强全民节约意识、环保意识、生态意识，坚持绿色消费理念，杜绝奢侈浪费和不合理消费。对于普通人来说，主要包括：点餐适量、剩菜打包，制止餐饮浪费；随手关灯、双面打印，倡导节约用能，减少资源浪费；优先选购绿色低碳产品和服务，尽量少使用一

低碳生活系列图片

次性用品，共享闲置产品，坚持绿色消费；尽量少开车，乘坐地铁公交出行，坚持绿色出行；多植树、保护绿地，积极投身绿化建设等，自觉践行简约适度、绿色低碳、文明健康的生活方式。

> **延伸阅读**　**提高公众应对气候变化的意识**

应对气候变化需要全社会的广泛参与。我国高度重视提升公众应对气候变化的意识，积极宣传普及相关的气候变化知识，积极倡导绿色低碳的生活方式，鼓励公众参与。自 2013 年起，将每年全国节能宣传周的第三天定为"全国低碳日"，有关部门和地方开展丰富多彩、形式多样的宣传教育活动，呼吁更多群体关注气候变化，提高低碳意识，有力地提高了社会参与度。

# 篇五

## 积极推动全球生态文明建设

# *95* 我国参加了哪些生态环境领域国际公约或协议？

目前，我国参与的生态环境领域国际公约或协议涵盖环境污染防治、自然生态系统保护和修复、气候变化等多个领域。其中环境污染防治领域主要有《控

"保护臭氧层 应对气候变化"宣传海报

制危险废物越境转移及其处置巴塞尔公约》《关于持久性有机污染物的斯德哥尔摩公约》《核安全公约》《防止倾倒废物及其他物质污染海洋的公约》及其1996年议定书等；自然生态系统保护和修复领域主要有《生物多样性公约》《濒危野生动植物种国际贸易公约》《联合国防治荒漠化公约》《关于特别是作为水禽栖息地的国际重要湿地公约》《联合国森林文书》等；气候变化领域主要有《联合国气候变化框架公约》《京都议定书》《巴黎协定》《保护臭氧层维也纳公约》等。

**》重要论述 推动全球可持续发展**

2021年4月30日，习近平总书记在中共中央政治局第二十九次集体学习时的讲话中指出：要积极推动全球可持续发展，秉持人类命运共同体理念，积极参与全球环境治理，为全球提供更多公共产品，展现我国负责任大国形象。要加强南南合作以及同周边国家的合作，为发展中国家提供力所能及的资金、技术支持，帮助提高环境治理能力，共同打造绿色"一带一路"。要坚持共同但有区别的责任原则、公平原则和各自能力原则，坚定维护多边主义，坚决维护我国发展利益。

# 96　什么是"海洋十年"？

为使海洋继续为人类社会可持续发展提供强有力支撑，遏制全球范围内海洋资源和环境状况恶化的趋势，全面推动联合国"2030 年可持续发展议程"的落实，2017 年第 72 届联合国大会通过决议，宣布2021 年至 2030 年为"联合国海洋科学促进可持续发展十年"（以下简称"海洋十年"）。2020 年，第 75届联合国大会通过了"海洋十年"实施计划，并于2021 年 1 月 1 日启动了"海洋十年"计划。"海洋十年"的愿景是"构建我们所需要的科学，打造我们所希望的海洋"，使命是"推动形成变革性的海洋科学解决方案，促进可持续发展，将人类和海洋联结起来"。"海洋十年"勾勒出了"我们所希望的海洋"应有的面貌：一个清洁的海洋、一个健康且有复原力的海洋、一个物产丰盈的海洋、一个可预测的海洋、一个安全的海洋、一个可获取的海洋、一个富于启迪并具有吸引力的海洋。

## *97* 我国在湿地履约方面开展了哪些工作？

我国于 1992 年正式加入《湿地公约》，成为公约第 67 个缔约方。加入公约以来，我国指定了 64 处国际重要湿地；每年监测国际重要湿地生态状况；开展国际湿地城市认证，6 座中国城市获得国际湿地城市称号；积极引导全球湿地治理，《湿地公约》第十三届缔约方大会通过了中国首次提出的"小微湿地保护"决议草案；通过多种方式开展世界湿地日宣传；组织"一带一路"国家湿地保护与管理研修班；成功实施全球环境基金等国际合作项目。2022 年 11 月，《湿地公约》第十四届缔约方大会在中国武汉举办。

重庆梁平区双桂湖畔的小微湿地景观（新华社发）

## 98　国家管辖范围以外区域海洋生物多样性养护和可持续利用国际谈判的现状如何？

　　目前，国际社会正在就制定国家管辖范围以外区域海洋生物多样性养护和可持续利用问题国际协定进行谈判。谈判涉及海洋遗传资源、划区管理工具、环境影响评价、能力建设和技术转让等重要问题，关乎全球海洋治理。我国高度重视海洋生物多样性的养护和可持续利用，积极参与谈判并提出中国方案，贡献中国智慧，推动达成务实合理的国际协定，助力构建海洋命运共同体。

## *99* 建设绿色丝绸之路对共建"一带一路"有哪些作用？

中国积极加强自身生态文明建设，主动承担应对气候变化等国际责任，努力呵护人类共同的地球家园，同各国一道打造绿色丝绸之路。近年来，通过绿色丝绸之路建设，中国与共建国家交流绿色低碳发展经验，深化绿色交通、绿色基建、绿色金融等领域务实合作，并在力所能及的范围内帮助有关国家加强应对气候变化、环境保护和生态安全等方面能力建设，助力相关国家加快落实 2030 年可持续发展议程，得到各方广泛好评和欢迎。2021 年 9 月，习近平主席在第 76 届联合国大会一般性辩论上宣布，中国将大力支持发展中国家能源绿色低碳发展，不再新建境外煤电项目，得到国际社会广泛关注和高度评价。目前，绿色丝绸之路已成为高质量共建"一带一路"的重要组成部分和"一带一路"国际合作的新亮点。

# 100 "一带一路"绿色发展国际联盟在推进绿色丝绸之路建设中发挥了哪些作用？

在习近平主席倡议下，中外合作伙伴于 2019 年共同发起"一带一路"绿色发展国际联盟（以下简称"联盟"）。两年多来，联盟立足国际沟通交流平台定位，汇集了来自 40 多个国家的 150 余家合作伙伴，举办了第二届"一带一路"国际合作高峰论坛绿色之路分论坛、联盟政策研究专题等 40 余场绿色丝绸之路主题活动，开展了"一带一路"项目绿色发展指南、应对气候变化、生物多样性等重点热点问题研究，积极宣介中国生态文明和绿色丝绸之路建设进展及成效，推动凝聚"一带一路"绿色发展国际共识，有效促进了绿色丝绸之路建设政策沟通、民心相通，已逐渐成为中国参与全球环境治理的"绿色国际名片"。

"一带一路"绿色发展国际联盟正式启动

# *101*　我国在应对气候变化方面的立场和主张是什么？

气候变化问题已成为全球挑战，需要国际社会广泛参与、共同行动。中国主张国际社会行动起来，全面加强团结合作，坚定维护以联合国为核心的国际体系、以国际法为基础的国际秩序，坚定维护《联合国气候变化框架公约》及《巴黎协定》确定的目标、原则和框架，努力推动构建公平合理、合作共赢的全球气候治理体系。各方应切实认识到在应对气候变化特别是减排方面，发展中国家和发达国家完全在不同起点上，不能要求发展中国家和发达国家同时实现碳中和，不加区别地要求各方提高行动力度，既不公平也不可行。在落实《巴黎协定》的过程中，国际社会应清楚认识到力度包括行动力度和支持力度，行动力度包括减缓力度和适应力度。发达国家提供的对减缓、适应的支持力度，应当与发展中国家的行动力度相匹配。目前，影响发展中国家采取更有力行动的最大障碍是来自发达国家的支持不足。中国愿同国际社会一道坚持多边主义，坚持共同但有区别的责任原则，坚持合作共赢，坚持言出必行，采取扎实行动，持续推进应对气候变化国际合作，推动实现可持续发展，共谋人与自然和谐共生之道，共建人类命运共同体。

## 102 我国在全球气候治理方面采取了哪些行动？

中国一贯高度重视应对气候变化国际合作，积极建设性参加气候变化国际谈判，推动达成和加快落实《巴黎协定》，以中国理念和实践引领全球气候治理新格局，逐步站到了全球气候治理舞台的中央。中国积极参与全球应对气候变化合作，积极落实应对气候变化南南合作"十百千"倡议和"一带一路"应对气候变化南南合作计划，为其他发展中国家提供了力所能及的帮助和支持，为全球应对气候变化行动作出中国贡献。截至目前，已累计安排约 12 亿元人民币用于开展气候变化南南合作，与 36 个发展中国家签署 41 份气候变化合作文件，通过实施减缓和适应气候变化项目、合作建设低碳示范区、开展能力建设培训等方式，为其他发展中国家提供力所能及的支持，帮助其提高应对气候变化能力。同时，累计在华举办 45 期应对气候变化南南合作培训班，为 120 多个发展中国家培训了约 2000 名气候变化领域的官员和技术人员。

# *103* 我国在推动实现可持续发展方面采取了哪些行动？

中国提出人与自然生命共同体的理念，倡导尊重自然、顺应自然、保护自然，用基于自然的解决方案统筹推进生态保护和经济社会发展，为实现人与自然和谐相处的现代化提供了中国智慧。中国提出并积极推进全球发展倡议，将气候变化和绿色发展

基于自然的解决方案示意图（来源:《IUCN 基于自然的解决方案全球标准》）

作为重点领域之一，致力于推动绿色转型和绿色复苏，实现更加强劲、绿色、健康的全球发展，加快落实 2030 年可持续发展议程。

> **相关知识** **基于自然的解决方案（NbS）**

　　根据世界自然保护联盟（IUCN）的定义，基于自然的解决方案（Nature-based Solutions）旨在通过保护、持续性管理、修复自然或改善生态系统的行动，高效解决社会难题，比如气候变化、食物安全、水安全、人类健康、自然灾害、社会和经济发展等问题，同时提供人类福祉和生物多样性效益。

# 104 我国在推动全球生物多样性治理方面采取了哪些举措？

中国坚定践行真正的多边主义，积极开展生物多样性保护国际合作，与国际社会共建地球生命共同体。一直以来，中国积极履行《生物多样性公约》及其议定书并取得显著成效，通过共建"一带一路""南南合作"等渠道，为其他发展中国家保护生物多样性提供支持。2021年10月，《生物多样性公约》第十五次缔约方大会第一阶段会议在中国昆明举行，习近平主席以视频方式出席大会领导人峰会并发表主旨讲话，强调秉持生态文明理念，共同构建地球生命共同体，开启人类高质量发展新征程。未来，中国将继续与各方一道，推动全球生物多样性治理迈上新台阶，共同实现人与自然和谐共生的美好愿景。

# 105 中欧在环境与气候领域开展了哪些合作？

2020 年 9 月 14 日，习近平主席与时任欧盟轮值主席国德国总理默克尔、欧洲理事会主席米歇尔、欧盟委员会主席冯德莱恩共同举行视频会晤，共同决定建立环境与气候高层对话（以下简称"高层对话"）。中国国务院副总理韩正和欧盟委员会执行副主席弗兰斯·蒂默曼斯于 2021 年 9 月 27 日举行第二次高层对话，发表《第二次中欧环境与气候高层对话联合新闻公报》。中欧不断深化环境与气候务实合作，使绿色合作成为中欧全面战略伙伴关系的新亮点新引擎。

# 106 我国履行《蒙特利尔议定书》对全球生态环境保护的贡献有哪些?

自加入《蒙特利尔议定书》以来,中国认真履行各项义务,全面淘汰了全氯氟烃、哈龙、四氯化碳、甲基氯仿、甲基溴等五大类消耗臭氧层物质(ODS)受控用途生产和使用,超额完成含氢氯氟烃35%的淘汰任务。截至2020年,中国已累计淘汰 ODS 生产和消费量约50万吨。根据中美等国学者联合研究,仅从1995年至2014年,中国因淘汰 ODS 累计避免110亿吨二氧化碳当量温室气体排放。此外,《基加利修正案》已经对中国正式生效,未来可通过淘汰 ODS 和开展氢氟碳化物(HFCs)管控,实现在保护臭氧层的同时产生显著的气候效益。

走近臭氧层

# 107 我国履行《联合国防治荒漠化公约》取得哪些成效?

我国防沙治沙工作实现了从"沙进人退"到"绿进沙退"的历史性转变,据中科院研究,我国已提前实现了联合国提出的到 2030 年实现土地退化零增长的目标。我国积极参与公约各项进程,承办公约第十三次缔约方大会并于 2017—2019 年担任公约主席国,推动公约制定出台《2018—2030 年战略框架》,大力推广生态文明理念与治理经验。我国荒漠化治理最佳实践案例被收录进《一个更美好的世界》《全球土地展望》等国际专著,我国《防沙治沙法》荣获世界"未来政策奖"银奖,以塞罕坝机械林场为代表的多个个人与集体荣获联合国防治荒漠化领域最高荣誉"土地生命奖"。

# *108* 我国参与淘汰、削减持久性有机污染物全球行动的意义是什么？

持久性有机污染物（POPs）具有环境持久性、生物蓄积性、远距离环境迁移的潜力，对人类健康和生态环境具有不利影响。作为首批签约国，中国一直严格履行公约义务。目前，已淘汰六溴环十二烷等20种类POPs，每年减少数十万吨POPs生产和环境排放，全国主要行业二噁英排放强度较2004年下降超过70%，环境和生物样品中有机氯类POPs含量总体呈下降趋势，为保护生态环境发挥了重要作用。

# 视频索引

中组部印发《关于改进推动高质量发展的政绩考核的通知》 /013

中共中央办公厅、国务院办公厅印发《党政领导干部生态环境损害责任追究办法（试行）》 /013

中共中央、国务院关于深入打好污染防治攻坚战的意见 /017

气象条件对大气污染的影响 /021

环保科普系列动画片之洋垃圾 /032

重庆：共建无废城市 共享美好生活 /033

重金属污染：环境治理突出问题 /036

就"打好污染防治攻坚战"答记者问 /037

 突发环境事件应急处置 /042

 壮哉！中国草原 /058

 《民法典》：无居民海岛属于国家所有 /067

 保护滨海湿地，严格管控围填海 /068

 最好的海岸卫士——红树林 /070

 《湿润的"家园"》——湿地科普小课堂 /074

 共同的家园 /085

 我国海洋生物多样性保护取得显著成效 /086

海南三沙放生海龟，保护海洋环境　/087

长江禁渔公益广告　/089

市场监管总局部署推进"长江禁捕　打非断链"
　专项行动　/091

"一枝黄花"现身多地，为何被称"生态
　杀手"？　/098

互花米草入侵　/100

国家公园——有生命的国家宝藏　/104

2021年我国可再生能源发电累计装机容量突破10亿
　千瓦　/125

2021年我国风电并网装机突破3亿千瓦　/125

全国碳排放权交易市场上线交易正式启动　/131

走近臭氧层　/155

# 后　记

　　生态安全是国家安全的重要组成部分，是经济社会持续健康发展的重要保障。党的十八大以来，以习近平同志为核心的党中央站在中华民族永续发展的战略高度，作出了加强生态文明建设的重大决策部署，坚持不懈推动绿色低碳发展，深入打好污染防治攻坚战，不断提升生态系统质量和稳定性，积极推动全球可持续发展，不断提高生态环境治理体系和治理能力现代化水平，进一步筑牢国家生态安全屏障。为深入学习贯彻总体国家安全观，引导广大干部群众科学理性认识、积极参与维护国家生态安全，中央有关部门组织编写了本书。

　　本书由国家发展改革委负责编写。唐登杰任本书主编，王宏、赵英民任副主编，苏伟、伍泓亮、黄昳扬、吴晓、李明传、李明、凡科军、王磊、万军、韩煜、高敏凤、刘明国、时彦民、王益愚、徐长兴、赵志强、宋雯、王浩任编委会成员。本书调研、写作和修改主要工作人员有：蔡彬、葛炬、顾定邦、李华友、李智、刘爱卿、刘浩、刘薇、卢呷静、骆军、欧阳儒彬、欧阳欣、邱国军、任珂、王晶、徐慧纬、闫厚、于子涵、赵宏伟（按姓氏拼音排序）。本书由国家发展改革委农村经济司具体牵头编写，在编写过程中中国计划出版社提供了积极协助，在出版过程中人民出版社给予了大力支持。在此，一并表示衷心感谢。

书中如有疏漏和不足之处，还请广大读者提出宝贵意见。

编　者

2022 年 3 月

编辑统筹：张振明

责任编辑：钟金铃　崔秀军

装帧设计：周方亚

责任校对：马　婕

**图书在版编目（CIP）数据**

国家生态安全知识百问／《国家生态安全知识百问》编写组著 . —

北京：人民出版社，2022.4

ISBN 978－7－01－024658－1

I.①国… II.①国… III.①生态安全－中国－问题解答

IV.① X959-44

中国版本图书馆 CIP 数据核字（2022）第 047367 号

### 国家生态安全知识百问

GUOJIA SHENGTAI ANQUAN ZHISHI BAIWEN

本书编写组

**人民出版社** 出版发行

（100706　北京市东城区隆福寺街 99 号）

中煤（北京）印务有限公司印刷　新华书店经销

2022 年 4 月第 1 版　2022 年 4 月北京第 1 次印刷

开本：880 毫米 ×1230 毫米 1/32　印张：5.75

字数：76 千字

ISBN 978－7－01－024658－1　定价：26.00 元

邮购地址 100706　北京市东城区隆福寺街 99 号

人民东方图书销售中心　电话（010）65250042　65289539